AF356282

ÉLÉMENTS

DE

CRISTALLOGRAPHIE.

IMPRIMERIE DE FIRMIN DIDOT FRÈRES,
RUE JACOB, N° 24.

ÉLÉMENTS

DE

CRISTALLOGRAPHIE,

PAR M. GUSTAVE ROSE
(DE BERLIN).

TRADUIT DE L'ALLEMAND

PAR M. VICTOR REGNAULT,

ÉLÈVE-INGÉNIEUR AU CORPS ROYAL DES MINES, ET ANCIEN ÉLÈVE
DE L'ÉCOLE POLYTECHNIQUE.

I.ʳᵉ PARTIE. — TEXTE.

PARIS,

L. HACHETTE, RUE PIERRE-SARRAZIN, N° 12.
FIRMIN DIDOT FRÈRES, RUE JACOB, N° 24.

MDCCCXXXIV.

ÉLÉMENTS

DE

CRISTALLOGRAPHIE.

DÉFINITIONS

DES ÉLÉMENTS DES CRISTAUX.

Faces, arêtes, angles.

Les cristaux sont terminés par des *faces* planes. Deux faces, en se coupant, déterminent une *arête;* trois ou un plus grand nombre de faces qui se réunissent en un même point forment un *angle.*

On distingue les arêtes en *arêtes obtuses* et en *arêtes aiguës*, selon que les faces qui déterminent ces arêtes forment entre elles un angle obtus ou un angle aigu. On distingue aussi les arêtes en *arêtes égales* et en *arêtes inégales*, suivant que les angles, que forment entre elles les faces qui déterminent ces arêtes, sont égaux ou inégaux.

Les angles sont classés d'après le nombre de leurs faces; ainsi on dit : *angles à* 3 *faces,*

1

à 4 *faces, à* 6 *faces*, etc., etc. D'après la disposition de leurs arêtes, on les divise en *angles réguliers, symétriques* et *irréguliers*. Dans les angles
réguliers, les arêtes sont égales; dans les angles
symétriques, ces arêtes sont de deux espèces,
elles ne sont égales que de deux en deux; enfin,
dans les angles irréguliers, ces arêtes sont ou
toutes inégales, ou bien, s'il y en a d'égales, ce
ne sont pas les arêtes alternatives. On dit que
deux angles sont *égaux*, quand leurs arêtes
homologues sont égales; on dit au contraire que
ces angles sont inégaux, quand leurs arêtes homologues sont inégales.

On remarque très-souvent des différences analogues entre les faces d'un cristal. Quand ces
faces sont égales, semblables et semblablement
placées, on dit qu'elles sont *semblables* ou *de
même espèce*; dans le cas contraire, on dit qu'elles sont *dissemblables*, ou *d'espèces différentes*.

Ainsi la forme la plus commune de la Galène
(*pl.* II, *fig.* 15) se compose de 6 faces qui sont
des carrés, et de 8 faces qui sont des triangles
équilatéraux. Toutes les faces carrées sont dites
de même espèce, ainsi que toutes les faces triangulaires; les faces carrées et les faces triangulaires sont dites, au contraire, *d'espèces différentes*, quand on les compare les unes aux autres. La même chose se présente dans la forme

ordinaire du Quartz (*pl.* VI, *fig.* 68), dans laquelle on trouve 6 faces qui sont des rectangles, et 12 faces qui sont des triangles isocèles.

D'après cela, on peut ranger les cristaux en deux grandes classes : la première renfermant les cristaux formés par des faces semblables, et que l'on nommera *cristaux simples* ou *formes simples*; et la seconde renfermant les cristaux dont les faces sont en partie dissemblables, et auxquels on donnera le nom de *cristaux composés* ou *de formes composées*.

L'octaèdre (*pl.* I, *fig.* 1), qui est formé par 8 triangles équilatéraux, est une forme simple ; il en est de même de l'hexaèdre (*pl.* II, *fig.* 13), qui est formé de 6 carrés ; et du dodécaèdre hexagonal (*pl.* VI, *fig.* 67), qui est formé par 12 triangles isocèles : mais la forme ordinaire de la Galène (*pl.* II, *fig.* 15), qui est composée de 6 carrés et de 8 triangles équilatéraux, est une forme composée.

FORMES SIMPLES.

Les formes simples se distinguent par le nombre, la forme et l'inclinaison de leurs faces. Elles se présentent sous des aspects très-variés : mais il arrive toujours que les faces sont groupées autour d'un point central suivant une loi déterminée. Toutes les faces, les arêtes et les angles

ont leurs parallèles, excepté dans quelques cas
très-particuliers. Les faces sont la plupart du temps
placées symétriquement aux deux extrémités du
cristal, ce qui permet dans l'étude des cristaux
de n'avoir égard qu'à une de leurs extrémités. De
ce que les formes cristallines simples ne sont
terminées que par des faces semblables, il n'en
résulte pas qu'ils ont toujours leurs arêtes ou
leurs angles égaux ; ainsi, dans les exemples que
nous avons cités tout à l'heure, l'octaèdre et
l'hexaèdre ont des arêtes égales et des angles
égaux ; mais dans le dodécaèdre hexagonal, les
arêtes et les angles sont de deux espèces.

On voit d'après cela que la définition des formes
simples de la cristallographie ne coïncide pas
avec celle des corps réguliers de la géométrie.
Dans beaucoup de formes simples, des angles
d'espèces différentes ont des arêtes égales, comme
dans le dodécaèdre (*planche I, fig.* 4); dans
d'autres, au contraire, ces angles ont des arêtes
inégales, comme cela arrive dans le *dodécaèdre
hexagonal;* mais dans ce cas les angles sont symétriques.

Lorsqu'une forme simple a différentes espèces
d'arêtes et d'angles, on distingue les arêtes en
arêtes terminales et *en arêtes latérales ;* on distingue de même les angles en *angles terminaux*
et en *angles latéraux.* Pour cela, on place le

cristal dans une position déterminée; les angles qui se trouvent alors en haut et en bas sont les angles terminaux, et les autres sont les angles latéraux. Les arêtes qui concourent au sommet d'un angle terminal sont des arêtes terminales, et les autres des arêtes latérales.

FORMES COMPOSÉES.

Si dans un cristal composé on conçoit toutes les faces d'une même espèce prolongées de manière à faire disparaître les faces de l'autre espèce, on obtient une forme simple. Ainsi, par exemple, si l'on prolonge de cette manière les faces triangulaires de la Galène (*pl.* II, *fig.* 15), on obtient un octaèdre (*pl.* I, *fig.* 1); si, au contraire, on prolonge les faces carrées, on obtient un hexaèdre (*pl.* II, *fig.* 13). On voit, d'après cela, que les formes composées résultent de la combinaison d'autant de formes simples qu'il y a de faces d'espèces différentes dans ces formes composées; et c'est pour cela que l'on nomme la forme composée dont nous venons de parler, et qui est représentée *pl.* II, *fig.* 15, une *combinaison* de l'octaèdre et de l'hexaèdre.

Cependant il arrive souvent que, dans un cristal composé, les faces d'une même espèce, étant prolongées, comme nous venons de l'indiquer, ne peuvent pas former à elles seules un cristal. C'est ce qui arrive pour les 6 faces rectangulaires dans la forme ordinaire du Quartz (*pl.* VI, *fig.* 68); elles forment à elles seules un prisme régulier à 6 faces, qui n'est pas terminé par des bases. Les 12 triangles isocèles, au contraire, étant prolongés, forment un solide entièrement fermé, le dodécaèdre hexagonal (*pl.* VI, *fig.* 67). Les faces qui ne peuvent pas former un espace fermé ne peuvent évidemment pas se présenter toutes seules; elles se présentent toujours combinées avec d'autres formes fermées ou ouvertes. Il y a beaucoup de formes composées qui ne renferment que des formes ouvertes.

Dans les cristaux composés, les formes simples n'existent pas en entier, elles n'ont conservé que des portions de leurs faces. Les arêtes suivant lesquelles se coupent les faces de deux formes simples, prennent le nom d'*arêtes de combinaison;* les angles où se rencontrent les faces de deux ou de plusieurs formes simples, s'appellent *angles de combinaison.* Dans les figures, les faces sont marquées par des lettres; on donne la même lettre à toutes les faces d'une même forme, et l'on affecte à chaque forme simple une lettre particulière.

TRONCATURES, BISEAUX, POINTEMENTS.

Dans les cristaux composés , il y a, en général , une forme simple qui *domine*, tandis que les autres formes sont beaucoup moins développées et, pour ainsi dire, *subordonnées*. Dans la description de ces formes composées, on part de la forme qui domine; on lui donne une position déterminée et invariable, qu'on lui conserve pendant tout l'examen, et l'on indique la position des autres faces relativement à cette forme dominante, et la manière dont elles se comportent avec elle. On appelle la forme à laquelle on rapporte la position de toutes les autres formes, *forme dominante* ou *principale;* les faces des autres formes sont appelées *faces secondaires* ou *modifiantes*.

Quand une arête de la forme dominante est remplacée par une face parallèle à cette arête , on dit que l'arête est tronquée , et la face modifiante s'appelle *face de troncature de l'arête.* Si cette face de troncature est également inclinée sur les deux faces qui forment l'arête de la forme dominante, on dit que la face de troncature est *droite* ou *tangente;* dans le cas contraire, on dit que cette face est *oblique*. La *figure* 17, *planche* II, représente un hexaèdre *a*, qui a été tronqué par les faces *d*. Quand les arêtes des formes simples sont tronquées, elles le sont toujours par des troncatures droites; au contraire, les arêtes de combinaison sont presque toujours tronquées obliquement.

Les angles des formes dominantes se présentent aussi souvent tronqués, et les faces de troncature sont droites ou obliques, selon que les inclinaisons de ces faces sur les faces qui forment l'angle sont égales ou inégales. La *figure* 14, *planche* II, représente un hexaèdre *a*, dont les angles ont été tronqués par les faces droites *o*.

Quand une troncature oblique d'un angle est également inclinée sur les deux faces qui forment une des arêtes de cet angle, on dit *qu'elle repose symétriquement sur cette arête*; dans le cas contraire, on dit *qu'elle repose obliquement sur l'arête*. De même une face de troncature est dite *reposer symétriquement sur une face*, quand les angles plans, que l'arête de combinaison forme avec les deux arêtes adjacentes de la face, sont égaux; elle est dite, au contraire, *reposer obliquement sur la face*, quand ces angles sont inégaux. Les angles des formes simples sont toujours tronqués symétriquement. Les angles de combinaison, au contraire, sont toujours tronqués obliquement.

Quand une arête de la forme principale est

remplacée par deux faces parallèles à cette arête, et également inclinées sur les faces adjacentes, on dit que l'arête a été remplacée par un *biseau*. Ainsi, par exemple, la *figure* 21, *planche* II, représente un hexaèdre a, sur les arêtes duquel les facettes $\frac{d}{3}$ ont formé un biseau. Les biseaux sont toujours formés par deux faces semblables, et ne peuvent se trouver que sur les arêtes des formes simples ; deux faces dissemblables, qui se trouvent à la place d'une arête, ne sont pas regardées comme formant un biseau ; on les regarde simplement comme deux faces de troncature obliques : celles-ci ne se trouvent que sur des arêtes de combinaison.

On rencontre des biseaux semblables sur des angles à 4 faces. Il faut alors déterminer davantage la position de ces biseaux, en disant s'ils reposent symétriquement sur deux arêtes opposées, ou sur deux faces opposées. Ainsi, par exemple, la *figure* 48, *planche* IV, représente un octaèdre, sur les angles duquel les facettes $\frac{d}{2}$ forment un biseau dont les faces reposent symétriquement sur deux arêtes opposées. On ne voit jamais de biseau placé obliquement dans les formes simples ; ils peuvent se rencontrer dans les formes composées : mais, dans ce cas, il est préférable de fixer leur position par d'autres considérations.

Quand un angle de la forme principale a été remplacé par un autre plus obtus, on dit que l'angle a reçu un *pointement*. Les facettes du pointement se trouvent ou bien en même nombre que les faces qui formaient l'angle primitif, ou bien il n'y en a que la moitié. Ces facettes reposent symétriquement, tantôt sur les faces, tantôt sur les arêtes de l'angle. La *figure* 19, *planche* II, représente un hexaèdre *a*, sur les angles duquel les faces $\frac{a}{2}$ ont formé des pointements dont les faces reposent symétriquement sur les faces de l'hexaèdre.

On désigne aussi par les noms de biseau et de pointement les surfaces polyédriques qui terminent les cristaux prismatiques. Dans ce cas, un biseau est formé par deux faces semblables, et un pointement est formé par trois ou un plus grand nombre de faces. On doit dire aussi, dans ce cas, si le biseau ou le pointement repose symétriquement sur les arêtes ou sur les faces. Parmi les biseaux qui terminent les cristaux prismatiques, il y en a qui sont obliques : on doit alors fixer leur position, en les rapportant à d'autres faces ou à d'autres arêtes. Si les cristaux prismatiques sont terminés par une seule face, celle-ci prend le nom de *face terminale;* elle peut former des angles droits ou des angles obliques avec les faces latérales du cristal; et, suivant l'un ou l'autre cas, elle prend le nom de *face terminale droite*, ou de *face terminale oblique*. Dans le dernier cas, cette face repose symétriquement ou obliquement sur d'autres arêtes ou sur d'autres angles, et cette considération détermine alors sa position.

ZONES.

On remarque très-souvent, dans les formes composées, un plus ou moins grand nombre de faces qui s'étendent toutes parallèlement à une même ligne, et qui, par conséquent, se coupent suivant des arêtes parallèles à cette ligne. De cette espèce, par exemple, sont les six faces rectangulaires de la forme ordinaire du Quartz (*pl.* VI, *fig.* 68); elles s'étendent toutes parallèlement à une même ligne, qui joint les deux angles terminaux opposés, et elles se coupent suivant des arêtes qui sont parallèles à cette ligne. On dit alors que ces faces sont dans une *zone*, et l'on détermine celle-ci en désignant la ligne à laquelle les faces de la zone sont parallèles.

Toutes les faces d'une zone ne se coupent pas toujours suivant des arêtes, comme cela a lieu dans l'exemple que nous venons de citer; souvent elles ne font que se toucher en un seul point, d'autres fois même elles sont entièrement séparées par des faces interposées. Ainsi, dans la forme cristalline du Quartz, représentée *fig.* 68, *pl.* VI, les faces triangulaires *r*, qui reposent sur les faces *g*, touchent les faces triangulaires du côté postérieur en un seul point, qui est le sommet de l'angle terminal du cristal. Ces six faces, du côté antérieur et du côté postérieur, n'en forment pas moins une zone ; la ligne qui est parallèle à ces faces et aux arêtes qu'elles forment par leurs intersections deux à deux, est celle qui joint deux angles latéraux opposés, et les faces qui ne se touchent qu'en un seul point au sommet de l'angle terminal, se couperaient, si elles étaient plus étendues, suivant une arête qui serait également parallèle à cette ligne. De même que deux faces d'une zone ne peuvent se toucher qu'en un point, il peut arriver aussi que les deux faces soient entièrement séparées par des facettes interposées.

FORMES HOMOÉDRIQUES ET HÉMIÉDRIQUES.

La plupart des formes simples sont susceptibles d'éprouver une modification particulière, qui consiste en ce que la moitié des faces, et quelquefois, mais plus rarement, le quart des faces, prennent une étendue telle, qu'elles font disparaître entièrement les autres faces. Cette

modification a lieu suivant des lois bien déterminées, mais qui ne peuvent être fixées, d'une
manière nette, que dans chaque forme particulière. Il résulte de là des formes qui n'ont que
la moitié ou le quart du nombre de faces du
cristal primitif. Pour distinguer ces formes, on
désigne la forme primitive par le nom de *forme
homoédrique*; et les formes modifiées, par les
noms de *formes hémiédriques*, quand elles ont
conservé la moitié des faces, et de *formes tétratoédriques*, quand elles n'en ont conservé que
le quart.

AXES.

Dans chaque forme simple, on remarque certaines lignes qui passent par le centre du cristal,
et autour desquelles les faces sont disposées
symétriquement. Ces lignes sont appelées *axes*.
Ainsi, par exemple, dans l'hexaèdre représenté
fig. 13, *pl.* II, les lignes qui joignent deux angles
opposés, jouissant de la propriété énoncée, sont
des axes de l'hexaèdre; et, comme ce solide a 8
angles égaux, il en résulte qu'il a 4 de ces axes.
Outre ces 4 axes, l'hexaèdre présente encore
d'autres lignes, que l'on peut regarder, avec autant de raison, comme des axes du cristal; ce
sont les lignes qui joignent les centres de deux
faces parallèles, ou les milieux de deux arêtes

opposées. L'hexaèdre a 3 axes de la première espèce; car cette figure a 6 faces, parallèles deux à deux, et 6 axes de la seconde espèce, parce qu'elle a 12 arêtes égales.

De même que l'hexaèdre, la plupart des autres formes simples ont plusieurs axes. Tantôt ces axes sont des lignes qui joignent les angles opposés; tantôt ces lignes réunissent les centres des faces ou des arêtes opposées, et se trouvent toutes divisées en 2 parties égales au centre du cristal. Deux axes qui joignent des angles égaux, ou les centres de faces égales ou d'arêtes égales, sont dits *semblables* ou de *même espèce;* au contraire, deux axes qui joignent des angles inégaux, ou les centres de faces ou d'arêtes d'espèces différentes, sont dits *dissemblables*, ou *d'espèces différentes.* Ainsi, dans l'hexaèdre, il se trouve 3 espèces d'axes. Il y a 4 axes de la première espèce, 3 de la seconde, et 6 de la troisième.

On appelle encore *axes* les lignes qui passent par le centre d'un cristal, et qui sont parallèles aux arêtes formées par les faces d'une même zone; mais on les appelle *axes de la zone*, pour les distinguer des axes proprement dits.

Chaque axe proprement dit peut être regardé comme l'axe d'une zone; mais réciproquement, l'axe d'une zone n'est pas toujours un axe ordinaire.

Tous les axes semblables se coupent sous des angles égaux. Dans l'hexaèdre, les deux axes voisins, qui joignent deux angles opposés, forment entre eux des angles de 70°, 32′; les axes voisins, qui joignent les centres de deux faces parallèles opposées, forment entre eux des angles de 90°, et les deux axes qui joignent les milieux des arêtes opposées comprennent entre eux des angles de 60°.

Toutes les espèces d'axes qui se présentent dans l'hexaèdre renferment plusieurs de ces axes; mais il n'en est pas ainsi pour toutes les formes. Il existe des formes dans lesquelles on trouve des axes qui n'ont pas leurs semblables; quelquefois il y a plusieurs de ces axes différents dans une même forme; d'autres fois il n'y en a qu'un seul. De la première espèce est l'octaèdre à base rhombe; les lignes qui joignent les trois espèces d'angles de cette figure sont des axes qui n'ont pas leurs semblables. De la seconde espèce est le dodécaèdre hexagonal (*fig.* 67, *pl.* VI). La ligne qui joint les deux angles à 6 faces est un axe qui n'a pas de semblable, et c'est le seul axe unique que présente ce solide. On appelle les formes qui possèdent un ou plusieurs axes uniques, des *formes à un axe*, et les formes qui, comme l'hexaèdre, n'ont pas d'axes uniques, des *formes à plusieurs axes*.

Dans la description et dans la comparaison des formes simples, on donne à celles-ci une position déterminée, qui doit être telle, qu'un des axes du cristal soit vertical. On donne alors le nom d'*axe principal* à l'axe vertical, et celui d'*axes secondaires* aux autres axes. Pour les formes qui n'ont qu'un seul axe unique, qui n'a pas de semblable dans la figure, la position du cristal se trouve, par cela même, déterminée. Il est évident que c'est l'axe unique qui doit être pris pour l'axe principal. Dans les autres formes à un axe, qui possèdent plusieurs axes uniques, on choisit un de ces axes pour axe principal; on peut d'ailleurs prendre celui que l'on veut, pourvu qu'on le conserve pendant tout l'examen du cristal. Dans les formes à plusieurs axes, il est tout-à-fait indifférent de prendre tel ou tel axe pour axe principal.

DÉTERMINATION DES FORMES.

La position d'un plan est déterminée géométriquement, quand on donne 3 points non en ligne droite situés dans ce plan. La position d'une face d'une forme simple se trouvera donc déterminée, quand on donnera les points où cette face, ou bien son prolongement, est rencontré par certains axes, qui doivent être au moins au nombre de trois. On déterminera ces points, en donnant les longueurs des parties de ces axes, comprises entre la face ou son prolongement, et le point central du cristal. La forme cristalline se trouvera d'ailleurs aussi déterminée par là, puisque toutes les faces d'une forme simple sont égales, et coupent par conséquent les axes de la même manière.

SYSTÈMES CRISTALLINS.

Lorsque deux formes cristallines se présentent ensemble, les parties de la forme dominante sont modifiées par celles de l'autre. Ces modifications consistent dans des troncatures, des biseaux ou des pointements, que les faces de la seconde forme déterminent sur les arêtes ou sur les angles de la première; mais on remarque toujours, à quelques exceptions près que nous indiquerons plus tard, qu'une même forme simple, placée de la même manière, éprouve toujours les mêmes modifications quand elle se combine avec une même autre forme.

Ainsi, lorsque l'hexaèdre (*fig.* 13, *pl.* II) est tronqué sur ses arêtes, comme le représente la *figure* 17, *planche* II, toutes ses arêtes sont tronquées à la fois, parce qu'elles sont toutes égales; et les faces de troncature sont toutes

droites, parce que toutes les faces de l'hexae-
dre sont semblables; mais jamais on ne rencontre d'hexaèdre tronqué symétriquement seulement sur quelques-unes de ses arêtes, et pas sur
les autres. Les facettes de la forme subordonnée se trouvent donc disposées tout-à-fait symétriquement par rapport aux faces de la forme
dominante; elles doivent donc obéir aux mêmes
lois de symétrie, et les axes des deux formes
doivent être égaux en nombre, en grandeur et
en direction. Des formes qui ont des relations de
symétrie différentes, et des systèmes d'axes différents, comme, par exemple, l'hexaèdre (*pl.* II,
fig. 13) et le dodécaèdre hexagonal (*pl.* VI, *fig.*
67), ne peuvent jamais se présenter ensemble.
Cette remarque est importante, car elle trace
des limites bien tranchées entre les différentes
formes cristallines, et elle permet de réunir,
dans un petit nombre de groupes, des formes
qui, d'après la disposition de leurs faces, sem-
blaient, au premier abord, tout-à-fait différentes. Ces groupes portent le nom de *systèmes
cristallins.* Les formes d'un même système cristallin se présentent souvent ensemble; mais des
formes appartenant à des systèmes différents ne
se présentent jamais ainsi. Cependant il ne faut
pas entendre par là que toutes les formes d'un
même système cristallin peuvent se présenter

combinées entre elles (nous indiquerons plus tard quelles sont les conditions auxquelles ces formes doivent satisfaire pour cela), mais seulement que certaines formes d'un système peuvent se combiner avec certaines formes du même système, mais jamais avec des formes appartenant à un autre système. Puisque la possibilité de la réunion de deux formes cristallines dépend de la disposition et de la grandeur de leurs axes, on peut définir un système cristallin, *la réunion de différentes formes ayant des axes égaux en nombre, en grandeur et en direction.* L'égalité en grandeur et en direction ne doit pas être prise ici dans un sens absolu; par égalité en grandeur il ne faut entendre que le fait d'égalité ou d'inégalité entre les axes, et par égalité en direction il ne faut entendre que le fait de perpendicularité ou d'obliquité de ces axes entre eux.

On s'est accordé jusqu'à présent à admettre six systèmes cristallins :

1° Le premier système ou système cristallin régulier est caractérisé par trois axes de même espèce et perpendiculaires entre eux.

2° Le deuxième système cristallin (2 und 1 axige) est caractérisé par trois axes perpendiculaires entre eux, mais dont deux seulement sont de même espèce.

2.

3° Le troisième système cristallin (3 und 1 axige) est caractérisé par quatre axes dont trois sont de même espèce et se coupent sous des angles de 60°; le quatrième est d'espèce différente et perpendiculaire aux trois autres.

4° Le quatrième système cristallin (1 und 1 axige) est caractérisé par trois axes d'espèces différentes, mais perpendiculaires entre eux.

5° Le cinquième système cristallin (2 und 1 gliedrige) est caractérisé par 3 axes d'espèces différentes : le premier de ces axes est oblique sur le deuxième, mais perpendiculaire sur le troisième. Le second et le troisième sont perpendiculaires entre eux.

6° Le sixième système cristallin (1 und 1 gliedrige) est caractérisé par trois axes d'espèces différentes obliques les uns sur les autres.

FORMES SIMPLES
ET FORMES COMPOSÉES
DES DIFFÉRENTS SYSTÈMES CRISTALLINS.

I.

SYSTÈME CRISTALLIN RÉGULIER.

Les formes cristallines qui appartiennent à ce système sont caractérisées par trois axes de même espèce et perpendiculaires entre eux. Ce sont de toutes les formes celles qui présentent le plus de symétrie. On doit les placer de manière à ce que l'un des axes soit vertical; et comme les trois axes sont égaux, il est indifférent de prendre l'un ou l'autre de ces axes pour axe vertical. On remarque encore quatre autres axes semblables entre eux dont chacun est disposé symétriquement par rapport aux trois premiers. Les trois axes de la première espèce portent le nom d'*axes octaédriques*, et les quatre axes de la deuxième espèce le nom d'*axes hexaédriques*. Deux axes hexaédriques consécutifs se coupent sous des angles de 70°, 32′, et chaque axe hexaédrique coupe les axes octaédriques sous des angles de 54°, 44'.

A. Formes homoédriques.

1. *L'octaèdre* (*fig.* 1) a huit faces, douze arêtes et six angles. Les faces sont des triangles équilatéraux; les arêtes sont égales entre elles; les angles solides sont égaux et à quatre faces.

Les trois axes octaédriques sont menés entre les angles opposés du cristal; de sorte que les sections faites par deux arêtes parallèles sont des carrés.

Les quatre axes hexaédriques joignent les centres des faces parallèles.

Inclinaison de deux faces opposées

                    de l'octaèdre   70°, 32'

»   de deux arêtes opposées   »   90°, »

»   des faces sur les arêtes   »   109°, 28'

Exemples de minéraux qui présentent cette forme : *Spinelle*, *Fer oxidé magnétique*, *Spath fluor*.

L'octaèdre est de toutes les formes du système cristallin régulier, celle dans laquelle chaque face coupe les axes rectangulaires dans le rapport le plus simple, car elle les coupe de telle manière que tous ces axes sont égaux. C'est pour cela que l'on appelle ces axes *axes octaédriques*.

On se sert du système des trois axes rectangulaires pour définir l'octaèdre, et en général toutes les formes du système cristallin régulier.

On désigne chacun de ces axes par a, et comme dans l'octaèdre ces trois axes sont d'égale longueur, une des faces de cet octaèdre, et par suite l'octaèdre tout entier, pourra être représenté par la notation

$$(a : a : a)^{1}$$

2. *L'hexaèdre ou cube* (*fig.* 13) a six faces, douze arêtes et huit angles. Les faces sont des carrés, les arêtes sont égales, les angles sont égaux et à trois faces.

Les trois axes octaédriques joignent les milieux des faces parallèles. Les sections faites par des

---

[1] Dans beaucoup de cas il peut être utile de désigner chacune des huit faces de l'octaèdre par un caractère particulier. Dans ce cas on représente par $a_{,}$ la moitié antérieure de l'axe horizontal dirigé vers l'observateur, et la moitié postérieure par $a'_{,}$; par $a_{,,}$ la moitié qui se trouve à droite de l'axe horizontal dirigé parallèlement à l'observateur et la moitié de cet axe qui se trouve à gauche par $a'_{,,}$; enfin on représente par $a_{,,,}$ la moitié supérieure de l'axe vertical et par $a'_{,,,}$ la moitié inférieure; de sorte que les huit faces de l'octaèdre se trouvent représentées de la manière suivante :

1) $(a_{,} : a_{,,} : a_{,,,})$ 5) $(a_{,} : a_{,,} : a'_{,,,})$

2) $(a'_{,} : a_{,,} : a_{,,,})$ 6) $(a'_{,} : a_{,,} : a'_{,,,})$

3) $(a'_{,} : a'_{,,} : a_{,,,})$ 7) $(a'_{,} : a'_{,,} : a'_{,,,})$

4) $(a_{,} : a'_{,,} : a_{,,,})$ 8) $(a_{,} : a'_{,,} : a'_{,,})$

plans passant par les arêtes opposées diagonalement, sont des rectangles.

Les quatre axes hexaédriques sont menés entre les angles opposés.

Inclinaison des faces sur les arêtes   90°.

Par suite chaque face est perpendiculaire à un des axes octaédriques et parallèle aux deux autres; d'après cela ces faces doivent être représentées par la formule

$$(a : \infty\, a : \infty\ a)$$

Exemples : *Spath fluor*, *Sel gemme*, *Pyrite*.

L'octaèdre et l'hexaèdre se présentent souvent ensemble. Les faces de l'une de ces formes forment des troncatures sur les angles de l'autre (*fig.* 14, 15, 16). Si les faces de troncature prennent assez de développement pour se réunir en un même point (*fig.* 15), alors la combinaison prend le nom de *cristal moyen* entre l'octaèdre et l'hexaèdre ou de *cubo-octaèdre*. On trouve beaucoup d'exemples de ces combinaisons dans la Galène.

3. Le *dodécaèdre* (*fig.* 4) a douze faces, vingt-quatre arêtes, et quatorze angles.

Les faces sont des rhombes dont les angles sont de 109°, 28′ et de 70°, 32′.

Les arêtes sont égales.

Les angles sont inégaux et de deux espèces; six angles A à quatre faces, correspondant pour leur position aux angles de l'octaèdre, et que, à cause de cela, nous appellerons *angles octaédriques*; et huit angles O à trois faces qui correspondent aux angles de l'hexaèdre, et que nous appellerons *angles hexaédriques*. Les plus longues diagonales des faces joignent les angles octaédriques, et correspondent par conséquent aux arêtes de l'octaèdre; les plus courtes joignent les angles hexaédriques, et correspondent aux arêtes de l'hexaèdre.

Chaque face du dodécaèdre est parallèle à un axe octaédrique, et coupe les deux autres dans le rapport de 1 à 1. La notation de ces faces est, d'après cela :

$$(a : a : \infty\, a)$$

Inclinaison de deux faces opposées
     dans l'angle octaédrique   90°
  »   de deux arêtes opposées 109° 28′
Inclinaison des faces qui se coupent 120°
Exemples : *Grenat, Haüyne, Sodalite.*

COMBINAISONS DES FORMES PRÉCÉDENTES.

Dodécaèdre et Octaèdre.

Les faces du dodécaèdre forment des troncatures droites sur les faces de l'octaèdre, *fig.* 2, (*Spinelle de Ceylan*), et les faces de l'octaèdre forment des troncatures droites sur les angles hexaédriques du dodécaèdre, *fig.* 3 (Fer oxidé magnétique de Normarck en Suède).

Dodécaèdre et Hexaèdre.

Les faces du dodécaèdre forment des troncatures droites sur les arêtes de l'hexaèdre, *fig.* 17 (Spath fluor de Drammen en Norwège), et les faces de l'hexaèdre forment des troncatures droites sur les angles octaédriques du dodécaèdre (*fig.* 42, sans les faces o; Grenat du Vésuve).

Dodécaèdre, Hexaèdre et Octaèdre.

Ces trois formes se présentent souvent ensemble, et dans les combinaisons qu'elles forment, c'est tantôt l'une, tantôt l'autre de ces formes qui domine.

Une combinaison de cette espèce avec l'octaèdre dominant se rencontre dans la Galène de Harzgerode, dans l'Alun, etc. (*fig.* 2, en se représentant les angles octaédriques des faces *d* légèrement tronqués).

Cette même combinaison avec l'hexaèdre dominant se rencontre dans le Diamant (*fig.* 40, en se représentant tous les angles hexaédriques des faces *d* tronqués comme quelques uns seulement le sont dans la figure).

Enfin, avec le dodécaèdre dominant, cette combinaison se rencontre dans l'Or du Brésil, (*fig.* 42, en se représentant les angles hexaédriques tronqués comme dans la fig. 3).

Si l'octaèdre et l'hexaèdre se présentent égalementment développés dans la combinaison, alors les faces du dodécaèdre se présentent comme faces de troncature des angles du cubo-octaèdre, *fig.* 18 (Cobalt gris de Riechelsdorf dans la Hesse).

4. *Ikositétraèdres* (*fig.* 6 et 7). Il y a plusieurs formes de cette espèce. Elles ont vingt-quatre faces, quarante-huit arêtes et vingt-six angles.

Les faces sont des quadrilatères symétriques, ayant deux espèces de côtés, et trois espèces d'angles (*pl.* X, *fig.* 1). Les côtés égaux de ces quadrilatères sont contigus, les plus courts *a* forment le plus grand angle C, et les plus longs *b* forment le plus petit angle D. Les angles intermédiaires E sont égaux entre eux. Les diagonales qui joignent les angles inégaux C et D partagent les faces en deux triangles scalènes égaux, et les diagonales qui joignent les angles égaux E partagent les faces en deux triangles isocèles inégaux.

Les quarante-huit arêtes sont de deux espèces : les plus longues D sont au nombre de vingt-quatre et joignent deux à deux les axes octaédriques ; les vingt-quatre arêtes plus courtes F joignent deux à deux les axes hexaédriques voisins.

Les vingt-six angles sont de trois espèces : six angles A, correspondant par leur position aux angles de l'octaèdre, et que nous désignerons par le nom *d'angles octaédriques* : ces angles sont réguliers et composés de quatre faces qui se réunissent par leurs angles les plus aigus. Huit angles O, correspondant aux angles de l'hexaèdre, auxquels nous donnerons le nom d'*angles hexaé- driques* : ces angles sont réguliers; les trois faces qui les forment se réunissent par leurs angles les plus obtus. Enfin douze angles E, qui par leur position correspondent aux centres des faces du dodécaèdre : ces angles sont symé- triques, à quatre faces; les quatre faces qui les forment se réunissent par leurs angles moyens.

Chaque face de l'ikositétraèdre coupe égale- ment deux des trois axes octaédriques, et inéga- lement le troisième. Mais, comme ces faces ne s'étendent pas indéfiniment, et qu'elles sont ter- minées à la surface extérieure du cristal, chaque face ne rencontre immédiatement qu'un seul de ces axes; elle est séparée des autres par des faces interposées : ainsi, pour voir dans quel rapport elle coupe les autres axes, il faut concevoir les faces et les axes prolongés.

On connaît plusieurs espèces d'ikositétraèdres; deux de ces espèces sont plus importantes que les autres : dans la première espèce, les trois axes sont coupés par chaque face dans les rapports de 1 : 1 : 1/2; dans la seconde espèce, ces rap- ports sont de 1 : 1 : 1/3; leurs notations sont par conséquent :

$$(\; a : a : 1/2 \; a \;)$$
$$(\; a : a : 1/3 \; a \;)$$

Inclinaison de deux faces opposées dans l'angle octaédrique de la forme $(a : a : 1/2 \; a)$ 109°, 28'

» des arêtes 126°, 52'

Inclinaison de deux faces opposées dans l'angle octaédrique de la forme $(a : a : 1/3 \; a)$ 129°, 31'

» des arêtes 143°, 8'

Inclinaison des faces qui forment les arêtes D :

Forme $(a : a : 1/2 \; a)$ 131°, 49'

» $(a : a : 1/3 \; a)$ 144°, 54'

Inclinaisons des faces qui forment les arêtes F :

Forme $(a : a : 1/2 \; a)$ 146°, 27'

» $(a : a : 1/3 \; a)$ 129°, 31'

L'ikositétraèdre de la première espèce est aussi appelé *leucitoèdre*, parce qu'il se présente dans la Leucite, et celui de la seconde *leucitoïde*.

a. Leucitoèdre. Le quadrilatère symétrique DECE (*fig.* 1, *pl.* X) représente une des faces de cet ikositétraèdre. Les angles de ce quadrilatère ont pour valeur : l'angle le plus obtus C, 117°, 2', les deux angles moyens E, 82°, 15', enfin l'angle le plus aigu D, 78°, 28'. La diagonale qui joint les deux angles moyens E coupe la diagonale qui joint les deux angles inégaux au 1/3 de sa longueur. Les plus longues diagonales des faces occupent la position des arêtes du dodécaèdre; les plus courtes, celles des arêtes du cubo-octaèdre.

Exemples : *Leucite, Grenat, Analcime.*

COMBINAISONS.

Leucitoèdre et Dodécaèdre.

Les faces du leucitoèdre forment des troncatures droites sur les arêtes du dodécaèdre, *fig.* 5 (Grenat mélanite de Frascati près de Rome). Les faces du dodécaèdre viennent tronquer les angles symétriques du leucitoèdre (Grenat grossulaire du fleuve Wilui en Sibérie).

Leucitoèdre et Hexaèdre.

Les faces du leucitoèdre forment sur les angles de l'hexaèdre des pointements à trois faces, dont les faces reposent sur les faces de l'hexaèdre, comme le représente la fig. 19, (Analcime du val Fassa dans le Tyrol); et les faces de l'hexaèdre forment des troncatures droites sur les angles octaédriques du leucitoèdre (Analcime des îles Cyclopes).

b. Le leucitoïde se présente encore plus fréquemment que le leucitoèdre, mais rarement il se présente seul; ordinairement il est en combinaison avec d'autres formes; encore le plus souvent ne joue-t-il qu'un rôle subordonné dans ces combinaisons; ses angles octaédriques sont moins saillants que ceux du leucitoèdre, parce que ses faces forment avec l'axe octaédrique un angle plus obtus que ceux de cette dernière forme. Les angles formés par deux faces, qui par leur intersection donnent les arêtes les plus longues F, sont égaux ainsi que les angles formés par deux faces opposées de l'angle octaédrique.

Exemples : *Or de Vérospatak en Transylvanie, Argent de Kongsberg en Norwège.*

COMBINAISONS.

Leucitoïde et Dodécaèdre.

Les faces du leucitoïde forment des pointements à quatre faces sur les angles du dodécaèdre; les faces de ces pointements reposent sur les arêtes du dodécaèdre (*fig.* 9, en supprimant les faces o; Spath fluor de Baveno).

Leucitoïde et Hexaèdre.

Les faces du leucitoïde forment des pointements à trois faces sur les angles de l'hexaèdre; les faces de ces pointements reposent sur les faces de l'hexaèdre, comme le représente la *fig.* 19; seulement les pointements sont plus aigus (Spath fluor de Gersdorf près de Freiberg).

Leucitoïde et Octaèdre.

Les faces du leucitoïde forment sur les angles

de l'octaèdre des pointements à quatre faces; ces faces reposent sur les faces de l'octaèdre (*fig.* 10, en supprimant les faces *d*; Fer oxidé magnétique de Traversella en Piémont). Les faces de l'octaèdre forment des troncatures droites sur les angles hexaédriques du leucitoïde, *fig.* 8 (Or de Vérospatak, Argent de Kongsberg).

Leucitoïde, Dodécaèdre et Octaèdre.

Dans les combinaisons de ces trois formes, c'est tantôt le dodécaèdre, tantôt l'octaèdre qui domine.

La combinaison avec le dodécaèdre dominant se rencontre dans le Fer oxidé magnétique de la vallée de Brosso en Piémont; *fig.* 9.

La combinaison avec l'octaèdre dominant se trouve dans la Ceylanite du Vésuve; *fig.* 10. Les arêtes de combinaison du leucitoïde et du dodécaèdre divergent sur les faces du leucitoïde vers les angles octaédriques. Si le leucitoèdre présentait une combinaison analogue, les arêtes correspondantes se trouveraient toutes parallèles sur les faces du leucitoèdre.

Leucitoïde, Dodécaèdre et Hexaèdre.

Dans cette combinaison, ce sont surtout les faces de l'hexaèdre qui dominent. Les faces du dodécaèdre tronquent les arêtes, et les faces du leucitoïde forment des pointements sur les angles. Les arêtes de combinaison formées par le dodécaèdre et le leucitoïde convergent sur les faces du leucitoïde vers les angles hexaédriques (Spath fluor de Kongsberg).

5. *Triakisoctaèdre*, ou *octaèdre pyramidal* (*fig.* 24). Cette forme doit son nom à la manière dont chaque système de trois faces se trouve groupé autour des huit angles hexaédriques; elle est telle, que la figure présente en masse un octaèdre sur les faces duquel on aurait placé des pyramides à trois faces. Il existe aussi plusieurs espèces de ces formes. Elles ont toutes vingt-quatre faces, trente-six arêtes et quatorze angles.

Les faces sont des triangles isocèles.

Les arêtes sont de deux espèces : douze plus longues et plus aiguës D, qui occupent une position analogue à celle des arêtes de l'octaèdre, et dans lesquelles deux faces viennent toujours se rencontrer par leurs bases; et vingt-quatre arêtes plus courtes et plus obtuses G, qui ont une position analogue à celle des arêtes du dodécaèdre, et dans lesquelles les deux faces se rencontrent par leurs côtés égaux.

Les angles sont aussi de deux espèces : six angles symétriques A à huit faces occupant la position des angles de l'octaèdre, et huit angles réguliers à trois faces O, qui occupent la position des angles de l'hexaèdre.

On connaît trois espèces de triakisoctaèdres, leurs notations sont :

$$(a : a : 3/2\, a)$$
$$(a : a : 2\, a)$$
$$(a : a : 3\, a)$$

Inclinaison des faces qui forment les arétes **D.**

Dans le triakisoctaèdre $(a : a : 3/2\, a)$—129° 31′.
» » $(a : a : 2\, a)$—141° 3′.
» » $(a : a : 3\, a)$—153° 28′.

Inclinaison des faces qui forment les arétes **G.**

Dans le triakisoctaèdre $(a : a : 3/2\, a)$—162° 39′.
» » $(a : a : 2\, a)$—152° 44′.
» » $(a : a : 3\, a)$—142° 8′.

Ces trois triakisoctaèdres ne se présentent guère qu'en combinaison avec d'autres formes. Ils existent cependant isolés dans le Diamant, mais l'état des faces des cristaux n'a pas permis de mesurer les angles, de sorte que l'on ne peut pas dire laquelle des trois espèces de triakisoctaèdres se présente dans ce minéral.

COMBINAISONS.

Première espèce de triakisoctaèdre, leucitoèdre et dodécaèdre.

Les faces de la première forme se présentent

comme faces de troncature des arêtes F, dans la combinaison représentée *fig*. 5 (Grenat de la vallée de Brosso en Piémont).

Troisième espèce de triakisoctaèdre et octaèdre.

Les faces de la première figure forment des biseaux sur les arêtes de l'octaèdre, *fig*. 23 (Spath fluor de Konsberg en Norwège.)

Seconde et troisième espèces de triakisoctaèdre, hexaèdre et octaèdre.

Les faces du triakisoctaèdre de la troisième espèce se présentent comme faces de troncature des angles dans la combinaison représentée *fig*. 14 : ces faces de troncature reposent sur les arêtes de l'hexaèdre. Les faces de la seconde forme se présentent comme faces de troncature obliques des arêtes formées par les faces du premier triakisoctaèdre et celles de l'octaèdre (Galène d'Andreasberg et de Wittich dans le pays de Bade).

6. *Tétrakishexaèdre, ou hexaèdre pyramidal,* (*figure* 22), ainsi appelé à cause de la manière dont chaque système de quatre faces se trouve groupé autour des six angles octaédriques, et qui donne à cette forme la figure d'un hexaèdre sur les faces duquel on aurait placé des pyramides à quatre faces. Il existe plusieurs formes de

cette espèce ; elles ont toutes vingt-quatre faces, trente-six arêtes et quatorze angles.

Les faces sont des triangles isocèles.

Les arêtes sont de deux espèces : douze plus longues F, qui par leur position correspondent aux arêtes de l'hexaèdre, et suivant lesquelles deux faces se réunissent toujours par leurs bases ; et vingt-quatre plus courtes G, qui occupent une position semblable à celle des arêtes du dodécaèdre, et suivant lesquelles les faces se réunissent toujours par un de leurs côtés égaux.

Les angles sont de deux espèces : six angles symétriques O, à quatre faces, qui occupent la position des angles de l'hexaèdre, et huit angles réguliers A, à six faces, qui occupent la position des angles de l'octaèdre.

Chaque face du tétrakishexaèdre est parallèle à un des trois axes octaédriques, comme cela a lieu dans le dodécaèdre ; mais elle ne coupe pas comme dans le dodécaèdre les autres axes octaédriques de la même manière.

On connaît quatre espèces de tétrakishexaèdres ; leurs notations sont :

$$(3/2\, a : a : \infty\, a)$$
$$(2\, a : a : \quad a)$$
$$(5/2\, a : a : \infty\, a)$$
$$(3\, a : a : \infty\, a)$$

Inclinaison des faces qui forment les arêtes E.

$$(3/2\ a : a : \infty\ a) - 157° 23'.$$
$$(2\ a : a : \infty\ a\ ) - 143°\ \ 8'.$$
$$(5/2\ a : a : \infty\ a) - 133° 36'.$$
$$(3\ a : a : \infty\ a\ ) - 126° 52'.$$

Inclinaison des faces qui forment les arêtes G.

$$(3/2\ a : a : \infty\ a) - 133° 49'.$$
$$(2\ a : a : \infty\ a\ ) - 143°\ \ 8'.$$
$$(5/2\ a : a : \infty\ a) - 149° 33'.$$
$$(3\ a : a : \infty\ a\ ) - 154°\ \ 9'.$$

La seconde et la quatrième espèce de tétrakishexaèdre sont les plus fréquentes.

Le tétrakishexaèdre $(2\ a : a : \infty\ a)$, *fig.* 22, se distingue en ce que les arêtes F et G sont égales, et que par suite ses angles hexaédriques sont réguliers. L'angle dièdre des deux faces qui forment les arêtes de l'hexaèdre est, dans cette espèce, le même que l'angle dièdre de deux faces opposées dans les angles de la quatrième espèce, et réciproquement. Cette forme se présente isolée dans l'Or et dans le Cuivre.

COMBINAISONS.

Deuxième espèce de tétrakishexaèdre, leucitoèdre et dodécaèdre.

Les faces de la première figure forment des

troncatures sur les arêtes D du leucitoèdre dans la combinaison *fig.* 5, dans laquelle cependant les faces du leucitoèdre sont dominantes (Grenat de Dognatzka dans le Bannat).

Le *tétrakishexaèdre* ($3\,a : a : \infty\,a$) se présente isolé dans le Spath fluor d'Angleterre. Il se trouve aussi en combinaison avec l'hexaèdre ; et alors les faces du tétrakishexaèdre forment des biseaux sur les arêtes de l'hexaèdre, *fig.* 21 (Spath fluor d'Alston-Moor dans le Cumberland).

Il se présente aussi en combinaison avec *l'hexaèdre* et le *dodécaèdre*. Dans cette combinaison, les faces du dodécaèdre se présentent comme faces de troncature des biseaux de la combinaison précédente.

7. *Hexakisoctaèdre* (*fig.* 12). Ainsi appelé à cause de la manière dont chaque système de six faces se trouve groupé autour des huit angles octaédriques. Il existe plusieurs de ces formes. Elles ont quarante-huit faces, soixante-douze arêtes et vingt-six angles.

Les faces sont des triangles scalènes.

Les arêtes sont de trois espèces : vingt-quatre arêtes D qui, prises deux à deux, joignent deux axes octaédriques ; vingt-quatre arêtes F, qui deux à deux joignent deux axes hexaédriques ; et vingt-quatre arêtes G, qui joignent les axes octaédriques aux axes hexaédriques.

Les angles sont également de trois espèces : six angles A, qui sont à huit faces, symétriques, et qui occupent la position des angles octaédriques ; huit angles O à six faces, symétriques, et qui occupent la place des angles hexaédriques ; enfin douze angles E à quatre faces et symétriques : ces derniers occupent la position des angles symétriques E de l'ikositétraèdre.

Dans les différentes espèces d'hexakisoctaèdres, ce sont tantôt les angles octaédriques, tantôt les angles hexaédriques qui prédominent. Il en résulte que le cristal présente tantôt l'aspect de l'octaèdre, tantôt celui de l'hexaèdre. Les premières espèces peuvent être désignées plus particulièrement sous le nom d'*hexakisoctaèdre*, et les dernières sous le nom d'*octakishexaèdre* ; mais cette distinction n'est d'aucune importance dans les formes homoédriques. Ces figures ne se présentent isolées que dans le Diamant, mais le cristal est toujours trop imparfait pour qu'on puisse déterminer ses éléments d'une manière complète.

On connaît jusqu'à présent cinq espèces d'hexakisoctaèdres ; leurs notations sont :

$$(a : 1/2\ a : 1/3\ a)$$
$$(a : 1/3\ a : 1/4\ a)$$
$$(a : 1/2\ a : 1/4\ a)$$
$$(a : 1/3\ a : 1/7\ a)$$
$$(1/3\ a : 1/5\ a : 1/11\ a)$$

Inclinaison des faces qui forment les arétes

	D.	F.	G.
$(a : 1/2\,a : 1/3\,a)$	$149°\ 0'$	$158°\ 13'$	$158°\ 13'$
$(a : 1/3\,a : 1/4\,a)$	$157°\ 23'$	$164°\ 3'$	$147°\ 48'$
$(a : 1/2\,a : 1/4\,a)$	$154°\ 47'$	$144°\ 3'$	$162°\ 15'$
$(a : 1/3\,a : 1/7\,a)$	$165°\ 2'$	$136°\ 47'$	$158°\ 47'$
$(1/3\,a : 1/5\,a : 1/11\,a)$	$152°\ 17'$	$140°\ 9'$	$166°\ 57'$

L'hexakisoctaèdre $(a : 1/2\,a : 1/3\,a)$ se distingue en ce que ses arêtes F et G sont égales, et que par suite ses angles hexaédriques sont réguliers; de plus, les arêtes G ont exactement la même position que les arêtes du dodécaèdre, de sorte que l'on pourrait aussi appeler cette forme *tétrakis-dodécaèdre*.

Il se trouve en combinaison avec le leucitoèdre et le dodécaèdre; les faces forment des troncatures sur les arêtes produites par l'intersection des faces des deux dernières figures, *fig.* 11 (Grenat de Längbanshytta dans le Wermeland, d'Arendal en Norwège, etc.)

L'hexakisoctaèdre $(a : 1/3\,a : 1/4\,a)$ est également un tétrakisdodécaèdre. Il se trouve de la même manière que le précédent dans le Grenat de Cziklowa dans le Bannat.

L'hexakisoctaèdre $(a : 1/2\,a : 1/4\,a)$ se trouve en combinaison avec l'hexaèdre; ses faces forment des pointements à six faces sur les angles de l'hexaèdre.

Deux des faces du pointement reposent toujours sur une arète de l'hexaèdre, *fig*. 20 (Spath fluor du Munsterthal dans le pays de Bade).

Les hexakisoctaèdres (a: 1/3a: 1/7 a) et (1/3 a: 1/5 a: 1/11 a) se rencontrent de la même manière dans le Spath fluor du Cumberland et du Derby-shire.

OBSERVATIONS GÉNÉRALES

SUR LES FORMES HOMOÉDRIQUES DU SYSTÈME CRISTALLIN RÉGULIER.

Il résulte de ce que nous venons de dire, que le système cristallin régulier renferme sept espè-ces différentes de formes homoédriques, savoir:

1) l'octaèdre ($a : a : a$).
2) l'hexaèdre ($a : \infty a : \infty a$).
3) le dodécaèdre ($a : a : \infty a$).
4) les ikositétraèdres ($a : a : 1/m\ a$)[1].
5) les triakisoctaèdres ($a : a : m\ a$).
6) les tétrakishexaèdres ($a : m\ a : \infty\ a$).
7) les hexakisoctaèdres ($a : 1/m\ a : 1/n\ a$).

Les noms de ces formes dérivent du nombre et de la disposition de leurs faces; elles sont ter-minées par 8, 6, 12, 24 et 48 faces.

Il ne peut pas se présenter dans le système cristallin régulier d'autres formes que celles dont nous venons de parler. Ce sont en effet les seu-

---

[1] m représente ici un nombre rationnel entier ou frac-tionnaire, mais plus grand que 1. Il en est de même de la lettre n qui se trouve plus bas.

les qui puissent être produites par des faces assu-
jéties à se comporter toutes de la même manière
par rapport à trois axes rectangulaires. Il est
facile de s'en convaincre par ce qui suit.

En effet, une face quelconque coupe :

Dans les octakishexaèdres les trois axes à la
fois, mais suivant des longueurs inégales.

Dans l'octaèdre, elle coupe les trois axes à la
fois, mais suivant des longueurs égales.

Dans les ikositétraèdres, elle coupe encore les
trois axes, mais seulement deux suivant des longueurs égales; le troisième axe est plus petit que
les deux axes égaux.

Dans les triakisoctaèdres, elle coupe les trois
axes, deux suivant des longueurs égales, mais le
troisième suivant une longueur plus grande.

Dans le dodécaèdre, elle coupe deux des
trois axes suivant des longueurs égales, et elle
se trouve parallèle au troisième.

Dans les tétrakishexaèdres, elle coupe encore
deux des axes, mais suivant des longueurs inégales, et elle se trouve parallèle au troisième.

Dans l'hexaèdre, elle ne rencontre qu'un seul
des trois axes, et elle se trouve parallèle aux deux
autres.

Parmi ces différentes formes, l'octaèdre,
l'hexaèdre et le dodécaèdre sont uniques dans
leur espèce; il existe au contraire plusieurs espèces

d'ikositétraèdres, de triakisoctaèdres, de tétrakishexaèdres et d'hexakisoctaèdres. Les faces de
ces dernières formes, ou bien coupent les trois
axes suivant des longueurs inégales, ou bien elles
coupent deux axes seulement suivant des longueurs égales. Dans tous les cas, ces longueurs
se trouvent toujours dans des rapports rationnels
et simples. Ainsi, par exemple, dans les hexakisoctaèdres on ne trouve que les rapports de :
$1 : 1/2 : 1/4$ ou de $1 : 1/2 : 1/3$, etc., et dans les
ikositétraèdres les rapports de $1 : 1 : 1/2$ ou de $1 :
1 : 1/3$. Jamais on ne rencontre de rapports irra-
tionnels ou très-compliqués, et même parmi les
rapports rationnels qui peuvent se présenter, on
ne rencontre que les plus simples.

La manière dont les faces de ces formes cristallines se trouvent disposées par rapport aux
trois axes octaédriques, étant connue, il est facile
de se rendre compte des rapports de position de
ces faces entre elles. On se représente encore
plus facilement ces rapports, quand on examine
la position des faces dans leurs différentes
zones.

1. *Zones ayant pour axe un des axes octaédriques.*

Comme il existe trois axes octaédriques dans
le système que nous examinons, il y existe aussi

trois zones correspondantes. Dans ces zones sont placées :

1° les faces de l'hexaèdre ($a : \infty\, a : \infty\; a$);

2° les faces des différents tétrakishexaèdres ($a : m\, a : \infty\, a$);

3° les faces du dodécaèdre ($a : a : \infty\, a$).

Les faces qui appartiennent à l'une de ces zones ont dans leur notation au moins un $\infty\, a$. La face de l'hexaèdre se trouve encore parallèle à un autre axe octaédrique; la face des tétrakishexaèdres coupe les deux autres axes suivant des longueurs inégales, et la face du dodécaèdre les coupe suivant des longueurs égales.

Comme les arêtes de l'hexaèdre se trouvent également parallèles à un axe octaédrique, on peut appeler ces zones, *zones des arêtes de l'hexaèdre.*

2. *Zones dont les axes joignent les points milieux de deux arêtes opposées de l'octaèdre.*

L'octaèdre ayant douze arêtes, doit avoir nécessairement six de ces zones. Dans ces zones sont placées les faces :

1) du dodécaèdre ($a : a : \infty\, a$),

2) des différents triakisoctaèdres ($a : a : m\, a$),

3) de l'octaèdre ($a : a : a$),

4) des différents ikositétraèdres ($a : a : 1/m\, a$),

5) de l'hexaèdre ($\infty\, a : \infty\, a : a$).

Elles ont chacune dans leur notation deux axes affectés du même coefficient ; la face du dodécaèdre est parallèle au troisième axe ; les faces des triakisoctaèdres, de l'octaèdre et des ikositétraèdres coupent le troisième axe de telle manière que celui-ci est plus long, égal, ou plus court que chacun des autres axes ; la face de l'hexaèdre ne coupe qu'un seul des trois axes, et se trouve parallèle aux deux autres. Comme les axes de ces zones sont parallèles aux arêtes de l'octaèdre, on peut appeler ces zones, *zones des arêtes de l'octaèdre.*

3. *Zones ayant pour axes un des axes hexaédriques.*

Il existe quatre de ces zones correspondantes aux quatre axes hexaédriques. Dans ces zones se trouvent les faces :

1) du leucitoèdre ($a : a : 1/2\, a$),
2) de l'hexakisoctaèdre ($a : 1/2\, a : 1/3\, a$),
3) de l'hexakisoctaèdre ($a : 1/3\, a : 1/4\, a$),
4) du dodécaèdre ($a : a : \infty\, a$).

La propriété des faces des formes précédentes de se trouver dans ces zones n'est pas mise immédiatement en évidence par leurs formules. La plupart de ces formes se montrent dans la figure 11.

Comme les axes de ces zones se trouvent parallèles aux arêtes du dodécaèdre, on peut appeler ces zones, *zones des arêtes du dodécaèdre.*

4. *Zones dont les axes sont parallèles à une des diagonales des faces de l'octaèdre (zones diagonales de l'octaèdre).*

Les 8 faces de l'octaèdre ont chacune 3 diagonales, ce qui fait en tout 24 diagonales[1] ; mais ces diagonales sont toujours parallèles deux à deux, de sorte qu'il y a 12 zones de l'espèce dont nous parlons dans ce moment.

Dans ces zones se trouvent les faces :

1) de l'hexakisoctaèdre ($a : 1/2\, a : 1/3\, a$),
2) du tétrakishexaèdre ($a : 2\, a : \infty\, a$),
3) de l'hexakisoctaèdre ($a : 1/3\, a : 1/7\, a$),
4) de l'ikositétraèdre ($a : a : 1/3\, a$)
5) de l'hexakisoctaèdre ($1/3\, a : 1/5\, a : 1/11\, a$)
6) de l'hexakisoctaèdre ($a : 1/2\, a : 1/4\, a$)
7) de l'hexakisoctaèdre ($a : 1/3\, a : 1/5\, a$)

On ne voit pas encore immédiatement dans ces formules que les faces se trouvent situées dans une zone diagonale de l'octaèdre. Outre les quatre espèces de zones que nous venons de passer en revue, il existe encore d'autres zones

---

[1] On appelle diagonales d'un triangle équilatéral les perpendiculaires abaissées des angles sur les côtés opposés. Dans un triangle isocèle la diagonale est la perpendiculaire abaissée du sommet du triangle sur la base.

correspondantes aux arêtes des autres formes du système cristallin régulier ; mais les zones précédentes sont les plus importantes.

B. Formes hémiédriques.

1. *Hémioctaèdre ou tétraèdre.* Ce solide a 4 faces, 6 arêtes et 4 angles (*fig.* 25).

Les faces sont des triangles équilatéraux.

Les arêtes sont égales.

Les angles sont égaux et à trois faces.

L'hémioctaèdre n'a pas de faces parallèles.

Les trois axes octaédriques joignent les points milieux de deux arêtes opposées.

Les quatre axes hexaédriques joignent les centres des faces avec les angles opposés.

Angle dièdre des faces 70°, 32′.

Les lignes qui sur les faces du cristal joignent les points milieux des arêtes occupent la position des arêtes de l'octaèdre ; ainsi l'hémioctaèdre se déduit de l'octaèdre, en supposant que les faces alternatives de celui-ci augmentent tellement en étendue, qu'elles fassent disparaître les faces intermédiaires. Maintenant, selon que ce sera l'un ou l'autre système de faces alternatives qui fera disparaître l'autre, on aura deux hémioctaèdres parfaitement semblables, et qui ne se distinguent l'un de l'autre que par leur position. Ces formes deviendraient parfaitement identiques par leur position, si on faisait faire à l'une d'elles un quart de révolution. Si l'on a besoin de distinguer les deux hémioctaèdres, on appellera *hémioctaèdre de droite* celui que forme la face de l'octaèdre qui se trouve à droite de l'arète supérieure, et qui s'avance en avant avec les faces alternatives correspondantes, toutes ces faces étant suffisamment prolongées ; et l'on appellera *hémioctaèdre de gauche*, celui qui est formé par l'autre système de faces. L'arète supérieure de l'hémioctaèdre de droite (*fig.* 25) est parallèle à l'observateur, l'arète supérieure de gauche (*fig.* 26) fait avec l'observateur un angle de 90°. Comme les deux formes sont parfaitement égales, on ne peut pas les distinguer quand elles se présentent isolées, à moins qu'elles ne soient caractérisées par quelque signe particulier, ce qui arrive souvent. Quand cela n'arrive pas, on n'a d'intérêt à les distinguer l'une de l'autre que dans les cas où elles entrent toutes deux à la fois dans des combinaisons ; et encore alors est-il indifférent de prendre l'un ou l'autre hémioctaèdre pour hémioctaèdre de droite ou pour hémioctaèdre de gauche. Quand un hémioctaèdre se présente seul dans une combinaison, on le représente toujours comme un hémioctaèdre de droite.

La notation des faces de l'hémioctaèdre, et en

général celle des faces de toutes les formes hémiédriques, est la même que la notation des
formes homoédriques dont elles dérivent. Si l'on
a besoin de représenter la forme hémiédrique
elle-même, on fait précéder la notation de la
forme homoédrique correspondante par la fraction 1/2. L'on distingue les formes hémiédriques
de droite ou de gauche en affectant leurs notations des coefficients r et l [1]. Les notations des
deux hémioctaèdres sont donc :

$$1/2\ r\ (\ a : a : a\ ) \text{ et } 1/2\ l\ (\ a : a : a\ )$$

Ces formes se présentent dans le Cuivre gris,
l'Helvine et la Blende.

COMBINAISONS.

Hémioctaèdres de droite et de gauche.

Les faces de l'un des hémioctaèdres se présentent comme faces de troncature des angles
de l'autre, *fig.* 31 (Cuivre gris, Blende).

Hémioctaèdre et Hexaèdre.

Les faces de l'hexaèdre tronquent les arêtes
de l'hémioctaèdre (*fig.* 27). Les faces de l'hémioctaèdre tronquent les angles alternatifs de
l'hexaèdre, *fig.* 37 (Wurfelerz de Cornouailles).

---

[1] Les lettres r et l sont les lettres initiales des mots alle-
mands *rechts*, à droite; *links*, à gauche.

Hémioctaèdre et dodécaèdre.

Les faces de l'hémioctaèdre forment des troncatures sur les angles alternatifs du dodécaèdre, comme le représente la *fig.* 42, en y supprimant toutefois les faces *a* (Cuivre gris de Schwatz en Tyrol).

Les faces du dodécaèdre forment des pointements à trois faces sur les angles de l'hémioctaèdre; les faces de ces pointements reposent symétriquement sur les faces de l'hémioctaèdre, *fig.* 32 (Cuivre gris de Kapnik en Transylvanie, de Dillenbourg, etc.).

Hémioctaèdre, dodécaèdre et hexaèdre.

Dans les combinaisons auxquelles ces trois formes donnent lieu, c'est tantôt l'une, tantôt l'autre qui domine. Tous ces différents cas se présentent dans la Boracite de Lunebourg. Dans la *fig.* 38, ce sont les faces de l'hémioctaèdre qui dominent; dans la *fig.* 40, ce sont les faces de l'hexaèdre; enfin, dans la *fig.* 42, ce sont les faces du dodécaèdre.

Dodécaèdre, hexaèdre et les deux hémioctaèdres.

Dans les combinaisons de l'hémioctaèdre avec le dodécaèdre et l'hexaèdre, on aperçoit quelquefois les faces des deux hémioctaèdres, et ce sont tantôt les faces de l'hémioctaèdre de droite, tantôt les faces de l'hémioctaèdre de gauche qui dominent, *fig.* 39 (Boracite de Lunebourg).

2. *Hémiikositétraèdre ou tétraèdre pyramidal* (*fig.* 29). Il a 12 faces, 18 arêtes et 8 angles.

Les faces sont des triangles isocèles.

Les arêtes sont de deux espèces : six arêtes X plus aiguës et plus longues qui occupent les positions des arêtes de l'hémioctaèdre, et suivant lesquelles les faces se rencontrent par leurs bases ; et 12 arêtes F plus obtuses et plus courtes qui occupent les mêmes positions que les lignes qui sur les faces de l'hémioctaèdre joignent le centre des faces avec les angles formés par les côtés égaux de ces faces.

Les angles sont de deux espèces : 4 angles symétriques à six faces I, qui occupent les positions des angles de l'hémioctaèdre, quatre angles à trois faces O formés par des arêtes égales, et qui par leur position correspondent aux faces de l'hémioctaèdre.

Les trois axes octaédriques joignent les points milieux de deux arêtes X opposées.

Les quatre axes hexaédriques joignent les angles à six faces avec les angles opposés à trois faces.

Les hémiikositétraèdres sont les formes hémiédriques des ikositétraèdres, et se déduisent

4.

de ceux-ci lorsque celles de leurs faces qui sont groupées autour des angles hexaédriques alternatifs augmentent tellement en grandeur que les faces intermédiaires disparaissent. Maintenant, selon que l'un ou l'autre des deux systèmes de faces disparaîtra, il résultera deux hémiikositétraèdres différemment placés, qui seront l'un à l'autre ce que sont l'un à l'autre les deux hémioctaèdres dérivés d'un même octaèdre, et pourront par suite se distinguer en *hémiikositétraèdre de droite et hémiikositétraèdre de gauche.*

On connaît deux espèces d'hémiikositétraèdres qui dérivent des deux espèces les plus importantes d'ikositétraèdres ; leurs notations sont :

$$r \, 1/2 \, (a : a : 1/2 \, a) \text{ et } l \, 1/2 \, (a : a : 1/2 \, a)$$
$$r \, 1/2 \, (a : a : 1/3 \, a) \text{ et } l \, 1/2 \, (a : a : 1/3 \, a)$$

Inclinaison des faces qui forment les arétes :

	X	F
$1/2 \, (a : a : 1/2 \, a)$	109°, 28′	146°, 27′
$1/3 \, (a : a : 1/3 \, a)$	129°, 31′	129°, 31′

Le premier ikositétraèdre se présente isolé dans le Cuivre gris de la Zilla à Clausthal, le second ne se présente qu'en combinaison.

COMBINAISONS.

a. de *l'hémiikositétraèdre* $1/2 \, (a : a : 1/2 \, a)$.

Hémiikositétraèdre et hémioctaèdre, tous deux dans des positions semblables.

Les faces de l'hémiikositétraèdre forment des biseaux sur les arêtes de l'hémioctaèdre, *fig*. 28 (Cuivre gris); les faces de l'hémioctaèdre forment des troncatures sur les angles à trois faces O de l'hémiikositétraèdre.

Hémiikositétraèdre et hémioctaèdre dans des positions semblables et *dodécaèdre.*

Les faces du dodécaèdre forment (*fig*. 32) des pointements à trois faces sur les angles, mais ces faces présentent ici la forme de rhombes, quand elles sont assez grandes pour atteindre les faces de l'hémioctaèdre, ce qui arrive ordinairement; tandis que les faces de l'hémioctaèdre forment des triangles équilatéraux, et les faces de l'hémiikositétraèdre forment des rectangles, et se présentent comme des faces de troncature très-étendues sur les arêtes formées par deux faces contiguës du dodécaèdre placées sur deux angles différents de l'hémioctaèdre *fig*. 33 (Cuivre gris de Felsobanya en Hongrie).

La combinaison précédente avec les faces de *l'hémiikositétraèdre de gauche.*

Les faces de cette dernière forme se présentent comme des troncatures très-étroites sur les arêtes formées par deux faces du dodécaèdre con-

tiguës placées sur un même angle de l'hémioctaèdre; elles forment ainsi des pointements à trois
faces sur les angles de l'hémioctaèdre; les faces
de ces pointements reposent sur les arêtes de
l'hémioctaèdre, *fig.* 33. *a.* (Cuivre gris de Dillenbourg).

La combinaison représentée fig. 42 avec les faces
de *l'hémioctaèdre de gauche* et de *l'hémiikositétraèdre.*

Les faces de l'hémioctaèdre de gauche viennent
tronquer les angles hexaédriques encore intacts
du dodécaèdre dans la combinaison *fig.* 42; les
faces de l'hémiikositétraèdre viennent tronquer
les arêtes du dodécaèdre qui touchent les faces
de l'hémioctaèdre de gauche, *fig.* 41 (Boracite
de Lunebourg).

Dans cette combinaison dominent tantôt les
faces de l'hémioctaèdre de gauche, tantôt les
faces de l'hémioctaèdre de droite.

v. De l'hémiikositétraèdre 1/2 ($a : a : a$).

Les hémiikositétraèdres 1/2 ($a : a : $ 1/3 a), et
1/2 ($a : a : $ 1/2 a) *avec l'hémioctaèdre*, tous les
trois dans des positions semblables.

Les faces de l'hémiikositétraèdre 1/2 ($a : a : $ 1/3 a)

forment des biseaux sur les arêtes de l'hémioctaèdre dans la combinaison représentée *fig.* 28, de telle manière que l'hémioctaèdre porte deux biseaux superposés sur ses arêtes (Cuivre gris de la Zilla à Clausthal).

Hémiikositétraèdre 1/2 $(a : a : 1/3\,a)$, et *dodécaèdre.*

Les faces de l'hémiikositétraèdre forment des biseaux sur les angles octaédriques du dodécaèdre, de telle manière que les faces de ces biseaux reposent sur deux arêtes opposées du dodécaèdre; et si, comme cela arrive ordinairement, les faces de l'hémiikositétraèdre s'étendent jusqu'aux angles hexaédriques du dodécaèdre, alors les angles hexaédriques alternatifs deviennent des angles solides à six faces, tandis que l'autre système d'angles hexaédriques alternatifs reste à trois faces (Blende de Kapnik en Hongrie).

Hémitriakisoctaèdre (*fig.* 35).

Cette forme a douze faces, vingt-quatre arêtes et quatorze angles.

Les faces sont des quadrilatères symétriques qui sont semblables à ceux de l'ikositétraèdre.

Les arêtes sont de deux espèces : douze plus aiguës et plus longues X, qui ont deux à deux des positions semblables à celles des arêtes de l'hémioctaèdre; et douze plus obtuses et plus courtes G, qui occupent des positions semblables à celles des lignes qui, sur les faces d'un hémi-octaèdre, sont menées du centre des faces vers le milieu des arêtes.

Les angles sont de trois espèces : six angles symétriques à quatre faces A, qui occupent les positions des angles de l'octaèdre; quatre angles réguliers à trois faces qui occupent la place des angles de l'hémioctaèdre; enfin quatre angles réguliers à trois faces qui correspondent par leur position aux faces de l'hémioctaèdre.

Les diagonales des faces qui joignent les angles égaux ont une position semblable à celle des arêtes de l'octaèdre; d'après cela, les hémitria-kisoctaèdres sont les formes hémiédriques des triakisoctaèdres, et dérivent de ceux-ci quand les faces qui sont groupées autour d'un système d'angles hexaédriques alternatifs augmentent tellement en étendue que les faces de l'autre système disparaissent entièrement. On a encore évidemment ici deux hémitriakisoctaèdres corres-pondants à un même triakisoctaèdre (*fig.* 35 et 36); ces deux formes sont entre elles comme les deux hémioctaèdres dérivés de l'octaèdre.

On ne connaît jusqu'à présent qu'une seule espèce d'hémitriakisoctaèdre, savoir, celle qui dérive de la première espèce de triakisoctaèdre, et qui est représentée par les notations :

r. 1/2 (*a* : *a* : 3/2 *a*), et *l* (*a* : *a* : 3/2 *a*).

Inclinaison des faces qui forment les arêtes

G.   X.

162°, 39′ 1/2.   82°, 10′.

Ces hémitriakisoctaèdres ne se sont pas encore présentés isolés.

COMBINAISONS.

Hémitriakisoctaèdre et *hémiikositétraèdre* (*a* : *a* : 1/2 *a*) dans des positions semblables, et *dodécaèdre.*

Les faces de l'hémitriakisoctaèdre se présentent dans la combinaison de l'hémiikositétraèdre et du dodécaèdre, représentée *fig.* 33 (en y supprimant les faces de l'hémioctaèdre), comme des troncatures sur les arêtes G de l'hémiikositétraèdre, *fig.* 34 (Cuivre gris de Dillenbourg).

Hémihexakisoctaèdre (*fig.* 43).

Cette forme a vingt-quatre faces, trente-six arêtes et quatorze angles.

Les faces sont des triangles scalènes.

Les arêtes sont de trois espèces : douze arêtes plus aiguës qui occupent une position semblable à celle des arêtes X de l'hémitriakisoctaèdre; douze arêtes plus obtuses et plus longues F, qui ont une position semblable à celle des arêtes de l'hémiikositétraèdre, et douze arêtes plus obtuses et plus courtes qui correspondent par leur position aux arêtes G de l'hémitriakisoctaèdre.

Les angles sont aussi de trois espèces : quatre angles symétriques à six faces I, qui occupent la position des angles de l'hémioctaèdre ; six angles symétriques à quatre faces A, qui occupent la position des angles de l'octaèdre, et quatre angles symétriques à six faces O, qui occupent la position des angles O de l'hémiikositétraèdre et de l'hémitriakisoctaèdre.

Les hémihexakisoctaèdres sont les formes hémiédriques des hexakisoctaèdres, et dérivent de ceux-ci lorsque les faces groupées autour des angles hexaédriques alternatifs s'étendent assez pour faire disparaître les faces de l'autre système d'angles hexaédriques. Les deux formes hémiédriques de chaque hexakisoctaèdre sont entre elles comme les deux formes hémiédriques de l'octaèdre.

On ne connaît jusqu'à présent que deux espèces d'hémihexakisoctaèdres ; leurs notations sont :

r. 1/2 $(a : 1/2\ a : 1/3\ a)$ et l. 1/2 $(a : 1/2\ a : 1/3\ a)$.
r. 1/2 $(a : 1/3\ a : 1/5\ a)$ et l. 1/2 $(a : 1/3\ a : 1/5\ a)$.

Inclinaison des faces qui forment les arêtes

	X	F	G
$(a : 1/2\ a : 1/3\ a)$	110°, 55′	158″, 13′	158° 13′.
$(a : 1/3\ a : 1/5\ a)$	122°, 53′	152″, 20′	152°, 20′.

La première espèce est la forme hémiédrique d'un hexakisoctaèdre connu; mais l'hexakisoctaèdre de la seconde espèce n'a pas encore été rencontré jusqu'ici. Les formes hémiédriques des autres hexakisoctaèdres mentionnés ci-dessus ne sont pas non plus connues jusqu'à présent.

Les deux hémihexakisoctaèdres que l'on rencontre dans la nature sont caractérisés par cette propriété, que les inclinaisons des faces qui forment les arêtes F et G sont égales, et que par suite les angles O sont réguliers.

Le 1er hémihexakisoctaèdre $1/2\,(a: 1/2\,a: 1/3\,a)$ se trouve dans la combinaison représentée *fig*. 33. Comme il se trouve être la forme hémiédrique d'un tétrakisdodécaèdre, il arrive que ses faces forment des troncatures obliques sur les arêtes formées par les faces d, et o/2 (Cuivre gris d'Ilanz sur le Rhin).

Le 2e hémihexakisoctaèdre $1/2\,(a: 1/3\,a: 1/5\,a)$ se présente plus fréquemment, et se trouve dans la combinaison de l'hexaèdre, du dodécaèdre et des deux hémioctaèdres (*fig*. 39). Les faces de l'hémihexakisoctaèdre se présentent comme faces de troncature des angles de combinaison, formées par les faces de l'un des hémioctaèdres (celui de droite) (*fig*. 39, *a*). Comme ces dernières faces forment des troncatures droites sur les angles O de l'hémihexakisoctaèdre, qui dans ce cas se trouvent formés par des arêtes égales, les faces de l'hémihexakisoctaèdre coupent les faces de l'hémioctaèdre, suivant des arêtes qui sont parallèles aux diagonales de ces faces; et les faces de l'hémioctaèdre formeraient des hexagones réguliers, si les faces de l'hémihexakisoctaèdre qui sont groupées autour de chaque angle étaient assez grandes pour se rencontrer toutes en un même point.

Les faces de l'autre hémioctaèdre (celui de gauche) sont enveloppées par les faces de l'hémiikositétraèdre $(a : a : 1/2\, a)$, *fig*. 39, *b* (Boracite de Lunebourg).

5. *Hémitétrakishexaèdre* ou *dodécaèdre pentagonal.*

Cette forme, (*fig*, 49) a douze faces, trente-six arêtes et vingt angles.

Les faces sont des pentagones symétriques (*planche* X, *fig.* 2), qui ont deux espèces de côtés : un côté unique *a* et quatre cotés égaux *b*; trois espèces d'angles : un angle unique, et deux systèmes d'angles égaux. L'angle unique C est opposé au côté unique; les deux angles D adjacents à ce côté sont égaux ainsi que les deux autres angles E.

Les arêtes sont de deux espèces : six arêtes Y, qui par leur position correspondent aux faces

de l'hexaèdre, et suivant lesquelles deux faces
consécutives se réunissent toujours par leur côté
unique a, et vingt-quatre arêtes Z, suivant lesquelles deux faces consécutives se réunissent par
un de leurs côtés égaux b.

Les angles sont de deux espèces : douze angles
irréguliers à trois faces U, qui sont situés aux
extrémités des arêtes Y et dans lesquels une face
présente son angle unique C, tandis que les deux
autres présentent leurs angles D ; huit angles
réguliers à trois faces O, qui occupent la position
des angles de l'hexaèdre, et aux sommets desquels les trois faces viennent se réunir par leurs
angles E.

Les faces opposées sont parallèles deux à
deux.

Les trois axes octaédriques joignent les points
milieux de deux arêtes Y opposées.

Les quatre axes hexaédriques joignent deux
angles hexaédriques opposés O.

Les lignes qui sur les faces du cristal joignent
les angles E, occupent la position des arêtes de
l'hexaèdre. Les hémitétrakishexaèdres sont par
conséquent les formes hémiédriques des tétrakishexaèdres, et dérivent de ceux-ci, lorsque les
faces alternatives prennent assez d'étendue pour
faire disparaître entièrement les faces alternatives
interposées. Il est facile de voir qu'il doit encore

exister ici deux hémitétrakishexaèdres (*fig.* 49 et 5o), correspondants à chaque tétrakishexaèdre; ces deux formes, de même que les deux hémioctaèdres dérivés de l'octaèdre, sont semblables et égales entre elles, elles ne diffèrent que par leurs positions; elles se distinguent des hémioctaèdres, en ce que ceux-ci n'ont pas de faces parallèles.

On connaît plusieurs hémitétrakishexaèdres, mais il n'y en a qu'une partie qui dérive de tétrakishexaèdres connus. Les hémitétrakishexaèdres qui se présentent le plus fréquemment ont pour notations :

r 1/2 $(2\,a : a : \infty\,a)$ et l 1/2 $(2\,a : a : \infty\,a)$.
r 1/2 $(3/2\,a : a : \infty\,a)$ l 1/2 $(3/2\,a : a : \infty\,a)$.
r 1/2 $(4/3\,a : a : \infty\,a)$ l 1/2 $(4/3\,a : a : \infty\,a)$.

Inclinaison des faces qui forment les arêtes.

	Y	Z
1/2 $(2\,a : a : \infty\,a)$	126° 52′	113° 35′
1/2 $(3/2\,a : a : \infty\,a)$	112° 37′	117° 29′
1/2 $(4/3\,a : a : \infty\,a)$	106° 16′	118° 41′

L'hémitétrakishexaèdre 1/2 $(2\,a : a : \infty\,a)$ (*fig.* 49), qui est aussi appelé *pyritoèdre* (du mot pyrite, parce que cette forme se présente principalement dans ce minéral), est de toutes les formes hémiédriques dont nous parlons dans ce moment, celle qui se trouve le plus fréquemment, et c'est la seule qu'on rencontre isolée; toutes les autres sont plus rares et ne sont jamais que subordonnées dans des combinaisons. Le pentagone symétrique (*planche* X, *fig.* 2) représente une des faces de cet hémitétrakishexaèdre; l'angle unique C a 121°, 35′, chacun des angles D, 102°, 36′, et chaque angle E 106°, 36′. Les angles E sont aussi dans les autres hémitétrakishexaèdres les angles moyens pour la grandeur; mais l'angle unique C est plus petit que chacun des angles adjacents aux arêtes Y.

C'est la forme hémiédrique d'un tétrakishexaèdre connu, et elle se montre très-développée dans la Pyrite et dans le Cobalt gris.

COMBINAISONS.

Pyritoèdre et *hexaèdre*.

Les faces de l'hexaèdre forment des troncatures droites sur les arêtes Y du pyritoèdre; les faces du pyritoèdre forment des troncatures obliques sur les arêtes de l'hexaèdre; de telle sorte que deux faces de troncature opposées sont toujours inclinées au-dessus de la même face de l'hexaèdre *fig.* 53. Ces deux combinaisons se rencontrent dans la Pyrite de l'île d'Elbe et le Cobalt gris de Tunaberg en Suède.

Pyritoèdre et octaèdre.

Les faces de l'octaèdre forment des troncatures droites sur les angles hexaédriques du pyritoèdre, (Pyrite de l'île d'Elbe). Si les faces de l'octaèdre sont assez développées pour atteindre les arètes Y du pyritoèdre (*fig.* 52) ce qui arrive fréquemment, la combinaison résultante se rapproche beaucoup de l'ikosaèdre de la géométrie; mais les faces ne sont pas égales; les huit faces qui appartiennent à l'octaèdre sont des triangles équilatéraux, tandis que les douze faces qui appartiennent au pyritoèdre sont des triangles isocèles.

Les faces du pyritoèdre forment des biseaux sur les angles de l'octaèdre; les faces de ces biseaux reposent sur deux arètes opposées différentes dans les différents angles de l'octaèdre, *fig.* 48 (Cobalt gris de Tunaberg).

Pyritoèdre, hexaèdre et octaèdre.

Ces formes se présentent souvent ensemble, et dans ces combinaisons dominent tantôt les faces du pyritoèdre, tantôt celles de l'hexaèdre (*fig.* 54), tantôt enfin celles de l'octaèdre (Pyrite et Cobalt gris).

Pyritoèdre et dodécaèdre.

Les faces du dodécaèdre tronquent les angles adjacents aux arètes Y du pyritoèdre; les faces de troncatures reposent sur une des arêtes Y, et coupent les faces du pyritoèdre suivant des arêtes qui sont parallèles aux arêtes Y opposées (Pyrite de l'île d'Elbe).

Pyritoèdre, hexaèdre et dodécaèdre.

Les faces du dodécaèdre forment des troncatures obliques sur les plus courtes arêtes de combinaison du pyritoèdre et de l'hexaèdre. Elles ne se présentent que subordonnées dans les combinaisons du pyritoèdre et de l'hexaèdre, et dans ces combinaisons domine tantôt le pyritoèdre, tantôt l'hexaèdre, *fig.* 53 (Pyrite de l'île d'Elbe).

Les faces des autres hémitétrakishexaèdres, qui sont aussi appelés *pyritoïdes*, ne sont jamais que subordonnées dans les combinaisons qu'elles forment avec le pyritoèdre seul, ou avec le pyritoèdre et l'hexaèdre; elles y forment des troncatures semblables à celles que donnent les faces du dodécaèdre, et elles ne peuvent se distinguer de celles-ci que par la différence de leurs angles.

Hémioctakishexaèdre (*fig.* 45).

Cette forme a vingt-quatre faces, quarante-huit arêtes et vingt-six angles.

Les faces sont des quadrilatères ayant trois espèces de côtés; les deux côtés égaux sont adjacents.

Les arêtes sont de trois espèces : douze arêtes Y

qui ont deux à deux une position semblable à celle des arêtes Y de l'hémitétrakishexaèdre; vingt-quatre arêtes Z qui occupent une position semblable à celle des arêtes Z de l'hémitétrakishexaèdre et douze arêtes V qui occupent la place des lignes qui, sur les faces de l'hémitétrakishexaèdre, sont abaissées perpendiculairement sur les arêtes Y.

Les angles sont de trois espèces : six angles symétriques et à quatre faces A, qui remplacent les angles de l'octaèdre; huit angles réguliers à trois faces O qui remplacent les angles de l'hexaèdre, et douze angles irréguliers à quatre faces, qui remplacent les angles adjacents aux arêtes Y dans l'hémitétrakishexaèdre.

Les hémioctakishexaèdres sont les formes hémiédriques des octakishexaèdres ou des hexakisoctaèdres, et dérivent de ceux-ci, quand on prolonge suffisamment un des systèmes de faces alternatives (*fig.* 12) qui forment deux à deux les arêtes D, (*fig.* 45 et 46). La loi suivant laquelle ces formes hémiédriques se construisent est évidemment la même que celle suivant laquelle se construisent les formes hémiédriques du tétrakishexaèdre; car chaque système de deux faces de l'hexakisoctaèdre formant une arête D, correspond à une face du tétrakishexaèdre. Ces formes hémiédriques de l'hexakisoctaèdre ont donc aussi, comme les hémitétrakishexaèdres, des faces parallèles, et se distinguent par conséquent facilement

des autres formes hémiédriques des hexakisoctaèdres, c'est-à-dire des hémihexakisoctaèdres,
(*fig.* 43), qui se forment suivant la même loi que
les hémioctaèdres, et qui n'ont pas de faces parallèles. A cause de leur ressemblance avec les tétrakishexaèdres, et pour établir une distinction entre ces formes et les formes hémiédriques à faces
inclinées de l'hexakisoctaèdre, on appelle les
formes hémiédriques à faces parallèles de ces
hexakisoctaèdres, *hémioctakishexaèdres*, et celles
à faces inclinées, *hémihexakisoctaèdres*.

On connaît trois espèces d'hémioctakishexaèdres; on les représente par les formules :

$$r \pm 1/2\,(a : 1/2\,a : 1/3\,a)\ \text{et}\ l \pm 1/2\,(a : 1/2\,a : 1/3\,a).$$
$$r \pm 1/2\,(a : 1/2\,a : 1/4\,a)\qquad l \pm 1/2\,(a : 1/2\,a : 1/4\,a).$$
$$r \pm 1/2\,(a : 1/3\,a : 1/5\,a)\qquad l \pm 1/3\,(a : 1/3\,a : 1/5\,a).$$

Le signe $\pm$ est employé pour distinguer ces
formes des hémihexakisoctaèdres; au reste, ces
deux espèces de formes hémiédriques de l'hexakisoctaèdre ne se présentent jamais ensemble, de
sorte que l'on n'est pas exposé souvent à les confondre, et que l'on peut, dans la plupart des cas,
pour simplifier l'écriture, supprimer le signe $\pm$.

Inclinaison des faces qui forment les arêtes

	V	Y	Z
$1/2 \pm (a : 1/2\,a : 1/3\,a)$	149° 0'	115° 23'	141° 47'
$1/2 \pm (a : 1/2\,a : 1/4\,a)$	154° 47'	128° 15'	131° 49'
$1/2 \pm (a : 1/3\,a : 1/5\,a)$	160° 32'	118° 59'	131° 5'

L'hémioctakishexaèdre ($a : 1/2\,a : 1/3\,a$) se présente isolé *fig.* 45 et 46 (Pyrite de Presnitz en Bohême, et de la vallée de Brosso en Piémont); il se trouve cependant plus fréquemment en combinaison.

Hémioctakishexaèdre ($a : 1/2\ a : 1/3\ a$) et hexaèdre.

Les faces de l'hexaèdre forment des troncatures droites sur les angles octaédriques de l'hémioctakishexaèdre, *fig.* 47 (Pyrite de la vallée de Brosso).

Si les faces de troncatures s'étendent jusqu'aux angles U, comme cela arrive le plus ordinairement, alors les faces de l'hémioctakishexaèdre prennent la forme de quadrilatères qui ressemblent assez aux rhombes que présentent les faces de l'hexaèdre, et que l'on a d'abord regardés comme leur étant égaux ; de sorte que l'on considérait cette combinaison comme une forme simple terminée par trente faces rhomboïdales.

Les faces de l'hémioctakishexaèdre forment des pointements à trois faces sur les angles de l'hexaèdre ; les faces de ces pointements reposent obliquement sur les arêtes de l'hexaèdre et s'inclinent toutes dans la même direction (*fig.* 53 *a*, qui ne représente qu'un seul angle hexaédrique avec ses faces modifiées, et sans la face *o*.) (Pyrite de Facebay en Transylvanie).

Hémioctakishexaèdre, hexaèdre et octaèdre.

L'octaèdre vient quelquefois se joindre à la combinaison précédente, et former des troncatures sur les pointements des angles hexaédriques. Les faces de l'octaèdre forment des triangles équilatéraux, *fig.* 53, *a* (Pyrite).

Hémioctakishexaèdre et pyritoèdre.

Les faces de l'hémioctakishexaèdre forment des pointements à trois faces sur les angles hexaédriques du pyritoèdre, et coupent les faces du pyritoèdre suivant des arêtes qui sont parallèles aux diagonales des faces du pyritoèdre, et par conséquent aux arêtes suivant lesquelles celles-ci sont coupées par les faces de l'octaèdre, *fig.* 51 (Pyrite de l'île d'Elbe).

Hémioctakishexaèdre, pyritoèdre et octaèdre.

L'octaèdre vient quelquefois se joindre à la combinaison *fig.* 51, et former des troncatures sur les pointements à trois faces. Les faces de l'hémioctakishexaèdre se présentent comme des faces de troncature oblique des arêtes de combinaison du pyritoèdre et de l'octaèdre (*fig.* 51, *a*, qui ne représente qu'un seul angle hexaédrique du pyritoèdre avec ses faces modifiées (Pyrite de l'île d'Elbe).

L'hémioctakishexaèdre ($a : 1/2\ a : 1/4\ a$) se distingue en ce que ses faces ne sont pas, comme dans les autres espèces, des quadrilatères tout-à-fait irréguliers, mais des trapèzes, l'arête V étant parallèle à l'arête opposée Z; il se présente isolé et se trouve dans la Pyrite de la vallée de Brosso dans le Piémont.

Les *hémioctakishexaèdres* ($a : 1/2\ a : 1/3\ a$) et ($a : 1/2\ a : 1/4\ a$), *pyritoèdre et hexaèdre.*

A la combinaison *fig.* 47 viennent se joindre encore des faces du pyritoèdre $d/2$ et de l'hémioctakishexaèdre ($a : 1/2\ a : 1/4\ a$) $= n$. Les faces de ce dernier forment des troncatures sur les arêtes formées par l'hémioctakishexaèdre ($a : 1/2\ a : 1/3\ a$) $= s$ et l'hexaèdre a, et coupent les faces du pyritoèdre $d/2$ suivant des arêtes qui sont parallèles entre elles (*fig.* 47, a, qui ne représente qu'un seul angle octaédrique de l'hémioctakishexaèdre s avec ses faces modifiées; Pyrite de la vallée de Brosso en Piémont).

OBSERVATIONS GÉNÉRALES

SUR LES FORMES HÉMIÉDRIQUES DU SYSTÈME CRISTALLIN RÉGULIER.

Il résulte de ce qui précède que les formes hémiédriques du système cristallin régulier déri-

vent des formes homoédriques, lorsque dans celles-ci les faces simples alternatives, ou les systèmes de deux faces qui forment les arêtes égales
alternatives, ou même les systèmes de faces qui se
groupent autour des angles égaux alternatifs,
prennent assez d'étendue pour faire disparaître
les faces intermédiaires.

Par l'extension des faces alternatives se produisent l'hémioctaèdre et les hémitétrakishexaèdres.

Par l'extension des systèmes alternatifs de deux
faces contiguës se produisent les hémioctakishexaèdres.

Enfin, par l'agrandissement des faces qui se
groupent trois à trois autour d'un angle, on obtient les hémiikositétraèdres et les triakisoctaèdres. Les hémihexakisoctaèdres se produisent
d'une manière analogue par l'agrandissement des
faces groupées six à six autour d'un même angle.

Il est évident que chaque forme homoédrique
doit donner deux formes hémiédriques correspondantes, puisque l'on peut prendre arbitrairement
l'un ou l'autre système alternatif. Ces deux formes hémiédriques sont parfaitement égales sous
le rapport du nombre, de la figure et de la grandeur de leurs faces, mais elles diffèrent l'une de
l'autre sous le rapport de la position; elles sont
à angle droit l'une sur l'autre. Cette perpendicu-

larité des deux formes hémiédriques tient à la perpendicularité des trois axes du système cristallin régulier; elle se présente également dans les autres systèmes cristallins qui admettent trois axes rectangulaires. Mais cette circonstance n'a plus lieu dans les systèmes cristallins qui ont des axes obliques.

De ce que les deux formes hémiédriques qui dérivent d'une même forme homoédrique sont parfaitement égales, il résulte nécessairement que ces formes hémiédriques ne peuvent être produites que par des formes qui, d'après la disposition de leurs faces, peuvent se réduire à deux formes hémiédriques symétriques. L'hexaèdre et le dodécaèdre qui ne satisfont pas à cette condition ne donnent pas de formes hémiédriques.

Les formes hémiédriques du système cristallin régulier que nous avons décrites précédemment sont celles que l'on a rencontrées jusqu'à présent dans la nature, mais ce ne sont pas toutes celles qui sont possibles. Ainsi, les hexakisoctaèdres peuvent donner des formes hémiédriques par l'agrandissement de leurs faces alternatives; les hémihexakisoctaèdres ainsi produits peuvent à leur tour donner de nouvelles formes hémiédriques par l'agrandissement de leurs faces alternatives, et former par conséquent des formes tétratoédriques semblables à celles que l'on connaît dans d'autres systèmes cristallins. Mais comme ces formes n'ont pas encore été trouvées dans la nature, il suffit d'être averti de leur possibilité, afin de les reconnaître dans le cas où elles viendraient à se présenter.

Les formes hémiédriques peuvent se diviser en deux classes, d'après la position de leurs faces. Dans les formes de la première classe, les faces alternatives ou les systèmes alternatifs de faces font disparaître par leur extension les faces qui leur étaient parallèles.

Dans les formes de la deuxième classe, au contraire, cela n'arrive pas. Il résulte de là que les formes de la première classe n'ont pas de faces parallèles, tandis que celles de la seconde en ont. Les premières sont les *formes hémiédriques à faces inclinées*, et les secondes les *formes hémiédriques à faces parallèles*. A la première classe appartiennent :

l'*Hémioctaèdre*,
les *Hémiikositétraèdres*,
les *Hémitriakisoctaèdres*,
les *Hémihexakisoctaèdres*.

A la seconde classe appartiennent :

les *Hémitétrakishexaèdres*,
les *Hémioctakishexaèdres*.

Cette disposition des formes hémiédriques dépend de la symétrie des faces de la forme homoédrique, et de la manière dont les formes hémiédriques dérivent des formes homoédriques.

Les différentes formes hémiédriques à faces inclinées se présentent souvent en combinaison les unes avec les autres. Il en est de même des formes hémiédriques à faces parallèles. Ces formes hémiédriques entrent aussi en combinaison avec les formes homoédriques. On en rencontre une foule d'exemples dans les combinaisons que nous avons décrites plus haut.

Mais jusqu'à présent on n'a pas encore rencontré de combinaison d'une forme hémiédrique à faces parallèles avec une forme hémiédrique à faces inclinées. On ne voit pas trop la raison de ce fait.

Parmi toutes les formes du système cristallin régulier que l'on rencontre dans la nature, les plus importantes sont : l'octaèdre, l'hexaèdre, le dodécaèdre, le premier ikositétraèdre ou leucitoèdre, l'hémioctaèdre et le premier tétrakishexaèdre ou pyritoèdre ; car ces formes sont celles qui se présentent le plus fréquemment ; elles se rencontrent même très-souvent isolées, et en général elles dominent dans les combinaisons dans lesquelles elles entrent. Les autres

formes jouissent plus rarement de cette propriété, quelques-unes même n'en jouissent jamais. C'est pour cela qu'elles sont moins importantes.

II.

DEUXIÈME SYSTÈME CRISTALLIN.

Les formes qui appartiennent à ce système sont caractérisées par trois axes rectangulaires, dont deux sont semblables entre eux, mais le troisième dissemblable. Ce dernier est le seul axe unique qui se trouve dans ce système cristallin, c'est pour cela qu'on le prend toujours pour axe principal, et on dispose les cristaux de manière que cet axe soit vertical. Quant aux deux autres axes, on place le cristal de manière à ce que, comme dans le système cristallin régulier, l'un se dirige vers l'observateur et l'autre lui soit parallèle. L'axe principal est désigné par c et chacun des autres axes par a.

Il résulte de l'inégalité de l'axe principal et des axes secondaires, et de l'égalité des axes secondaires entre eux, que les faces des formes de ce système cristallin se trouvent disposées de la même manière par rapport aux deux axes secondaires, mais différemment par rapport à ceux-ci que par rapport à l'axe principal. On peut donc distinguer, dans les formes simples des arêtes terminales et des arêtes latérales, des angles terminaux et des angles latéraux. Les faces perpendiculaires à un certain axe n'ont pas nécessairement leurs analogues sur les autres axes, il en résulte que dans ces formes on trouve des faces uniques ou des systèmes de faces qui, à elles seules, ne suffisent pas pour terminer le cristal. Cela n'arrive pas dans les formes du système cristallin régulier, où toutes les faces se trouvent disposées d'une manière tout-à-fait semblable par rapport aux trois axes égaux.

A. Formes homoédriques.

I *Quadratoctaèdre* [1] (*fig.* 55; Zircon.)

Cette forme a huit faces, douze arêtes et six angles.

Les faces sont des triangles isocèles.

Les arêtes sont de deux espèces : huit arêtes terminales D, dont quatre sont situées à l'extrémité supérieure et quatre à l'extrémité inférieure du cristal, et suivant lesquelles les faces se tou-

[1] Ces quadratoctaèdres sont souvent appelés simplement octaèdres par la suite, mais seulement dans des cas où il est impossible de les confondre avec l'octaèdre régulier.

chent par leurs côtés égaux ; quatre arêtes latérales G, suivant lesquelles les faces se touchent par leurs bases.

Les angles sont de deux espèces : deux angles terminaux C à quatre faces et à arêtes égales, et quatre angles latéraux A à quatre faces et symétriques.

La section faite dans le cristal par un plan passant par les arêtes latérales donne un carré et prend le nom de *base*. C'est la figure de cette base qui a fait donner à la forme le nom de *quadrat-octaèdre*. Les sections faites par deux arêtes terminales parallèles donnent des rhombes.

On rencontre un grand nombre de quadrat-octaèdres qui diffèrent entre eux par l'inclinaison de leurs faces. On les distingue en quadratoctaèdres *aigus* et quadratoctaèdres *obtus*, selon que leur axe principal est plus grand ou plus petit que chacun de leurs axes secondaires.

L'axe principal joint les angles terminaux opposés, mais les axes secondaires ont dans les différents quadratoctaèdres deux positions différentes. Ces deux positions établissent une distinction entre les différentes espèces, et permettent de les diviser en deux classes.

Dans la première classe, les axes secondaires joignent deux angles latéraux opposés, de telle manière que la base d'un pareil octaèdre se trouve disposée par rapport aux axes secondaires, comme le carré AA (*pl.* X , *fig.* 3) l'est par rapport à ses diagonales. Toutes les faces viennent alors rencontrer les trois axes.

Dans la seconde classe , les axes secondaires joignent les milieux de deux arêtes latérales opposées, de sorte que la base de ces octaèdres se trouve disposée par rapport aux axes secondaires comme le carré GG (*pl.* X , *fig.* 3) l'est par rapport aux lignes *a a'* et *a a'*, et que chacune de leurs faces ne coupe qu'un seul des axes secondaires et se trouve parallèle à l'autre.

Cette division des octaèdres en octaèdres de la première et de la deuxième classe n'est pas une division arbitraire, elle est fondée sur la manière dont ces formes se comportent dans leurs combinaisons. Ainsi, par exemple, on rencontre souvent des quadratoctaèdres dont les arêtes terminales portent seules des troncatures droites (comme pour le quadratoctaèdre *o*, *fig.* 58, une des formes de l'Anatase); ce qui n'est pas étonnant, puisque les arêtes terminales et les arêtes latérales sont de longueurs inégales, et que par conséquent les unes peuvent être tronquées sans que les autres le soient. Les faces de troncature des arêtes terminales forment entre elles un nouvel octaèdre, qui est un octaèdre de la seconde classe, si le premier est considéré comme octaèdre de la première classe; ou un octaèdre de la première classe, si ce premier octaèdre est considéré comme de la seconde classe.

Outre les deux quadratoctaèdres dont nous venons de parler, et dont l'un forme des troncatures droites sur les arêtes terminales de l'autre, on en rencontre, dans ce système cristallin, beaucoup d'autres qui sont plus aigus ou plus obtus; mais l'observation a montré que toujours dans ces formes l'axe principal et les axes secondaires sont entre eux dans des rapports rationnels et simples. Pour établir ces rapports, on prend une de ces formes pour terme de comparaison, et cette forme prend le nom de *quadratoctaèdre principal* ou simplement *d'octaèdre principal*. Il est indifférent de prendre l'une ou l'autre de ces formes pour *forme principale* ou *primitive*. On choisit ordinairement la forme qui se présente le plus fréquemment, ou qui domine le plus souvent dans les combinaisons où elle entre, ou même celle par rapport à laquelle les autres formes présentent les rapports les plus simples. Il est impossible, au reste, d'établir une règle générale pour déterminer le choix de la forme principale. En rapportant les autres formes à cette forme principale, on détermine celles qui sont de la première classe et celles qui sont de la seconde classe. Les quadratoctaèdres, dont les faces occupent la même position que les faces de la forme principale, sont de la première classe, et tous ceux dont les faces ont la même direction que les arêtes de la forme principale, font partie de la seconde classe.

La notation de la forme principale est :
$$(a : a : c);$$
celle des octaèdres de la première classe,
$$(a : a : mc);$$
celle des octaèdres de la deuxième classe,
$$(a : \infty\, a : mc),$$
m représentant un nombre rationnel, entier ou fractionnaire, mais toujours très-simple.

On peut facilement se figurer comment ces différents octaèdres doivent se comporter quand ils se présentent combinés avec la forme primitive. Les faces des octaèdres plus obtus de la première classe forment des pointements sur les angles terminaux de l'octaèdre principal, et les faces de ces pointements reposent symétriquement sur les faces de la forme principale, comme cela a lieu dans la *fig.* 57, qui représente une des formes de l'Anatase, et dans laquelle les faces de la forme principale sont marquées o et les faces de l'octaèdre plus obtus $o/3$. La notation des faces de la forme principale est $(a : a : c)$, et celle de la forme plus obtuse $(a : a : 1/3\ c)$. Les faces des octaèdres plus aigus forment des biseaux sur les arêtes latérales du quadratoctaèdre principal.

Parmi les quadratoctaèdres de la seconde classe, ceux dont les faces ont, par rapport à l'axe principal, la même inclinaison que les arêtes terminales de la forme principale, viennent tronquer ces arêtes terminales. Cela a lieu dans la *fig.* 58, qui représente une des formes de l'Anatase, et dans la *fig.* 63, qui représente une forme de l'Étain oxidé. Les faces *o* sont celles de l'octaèdre principal de ces espèces minérales, et les faces *d* appartiennent à un de ces octaèdres du second ordre dont nous parlons.

Les quadratoctaèdres de la deuxième classe, qui sont plus obtus que l'octaèdre principal, forment des pointements sur les angles terminaux de ce dernier. Ces pointements reposent symétriquement sur les arêtes de l'octaèdre principal. Au contraire, les quadratoctaèdres, plus aigus, forment des biseaux sur les angles latéraux ; ces biseaux reposent sur les arêtes terminales. C'est de cette manière que se présentent dans la *fig.* 57 les faces du quadratoctaèdre de la deuxième classe 2 *d* sur les angles latéraux de l'octaèdre principal *o*.

Parmi les différents quadratoctaèdres de la première et de la seconde classe qui se rencontrent dans une même espèce minérale, il y en a particulièrement deux dans lesquels les faces de la forme la plus obtuse ont précisément la même inclinaison vers l'axe principal que les arêtes de la forme la plus aiguë. De cette espèce sont non seulement les octaèdres *d* et *o*, *fig.* 58, mais encore les octaèdres *o* et 2 *d*, *fig.* 57; seulement dans la *fig.* 58, c'est l'octaèdre le plus aigu *o* qui domine, tandis que, dans la *fig.* 57, c'est l'octaèdre le plus obtus *o* qui domine. Dans la *fig.* 58, les faces *d* de l'octaèdre obtus se présentent comme faces de troncature des arêtes terminales de l'octaèdre aigu *o*. Dans la *fig.* 57, les faces 2 *d* de l'octaèdre aigu forment des biseaux sur les angles latéraux de l'octaèdre obtus *o*; les faces de ces biseaux reposent symétriquement sur les arêtes terminales et coupent les faces de l'octaèdre obtus dominant suivant des lignes parallèles aux diagonales des faces. Si dans la *fig.* 58 les faces *d* dominaient, alors les faces *o* apparaîtraient comme les faces 2 *d* dans la *fig.* 57, et réciproquement.

Des deux octaèdres qui ont entre eux les relations que nous venons d'indiquer, celui qui est le plus obtus prend le nom de *premier octaèdre obtus* de l'autre; au contraire, celui-ci prend le nom de *premier octaèdre aigu* du premier. Ainsi dans la *fig.* 58, l'octaèdre *d* est le premier octaèdre obtus de l'octaèdre *o*, et l'octaèdre *o* est

6.

84　　　　　ÉLÉMENTS

le premier octaèdre aigu de l'octaèdre *d*. Dans
la *fig.* 57, 2 *d* est le premier octaèdre aigu
de *o*, et *o* est le premier octaèdre obtus de 2 *d* :
mais comme les *figures* 57 et 58 représentent
toutes deux des formes de l'Anatase, et que l'on
prend l'octaèdre *o* pour forme primitive, l'octaèdre *d* est le premier octaèdre obtus, et l'octaèdre 2 *d* le premier octaèdre aigu de la forme primitive *o*.

Le premier octaèdre obtus et le premier octaèdre aigu sont de la même classe, mais d'une
classe différente de celle de l'octaèdre auquel
on les compare.

D'un premier octaèdre obtus on peut déduire
un nouveau premier octaèdre obtus qui sera le
deuxième octaèdre obtus de la forme primitive;
de même d'un premier octaèdre aigu on peut
déduire un nouveau premier octaèdre aigu qui
sera le *deuxième octaèdre aigu* de la forme primitive. Ces deux nouveaux octaèdres sont tous
deux de la même classe que la forme primitive.
En continuant d'opérer de cette manière on for-
mera une suite d'octaèdres, dans laquelle chaque
octaèdre aura ses faces inclinées sur l'axe principal de la même manière que les arêtes terminales
de l'octaèdre suivant. De sorte que tous ces octaèdres, si on les compte à partir de celui qui
occupe le milieu, deviennent plus obtus en allant

d'un côté et plus aigus en allant de l'autre. Les octaèdres qui se touchent dans cette série sont de classes différentes, mais les octaèdres alternatifs sont de la même classe. Si la série commence à l'octaèdre principal, les 2ᵉ, 4ᵉ, 6ᵉ, etc., seront des octaèdres de la première classe, les 1ᵉʳ, 3ᵉ, 5ᵉ, etc., seront des octaèdres de la seconde classe.

Les rapports géométriques qui existent entre les différents membres de cette série sont très-simples. Si le carré AA (*planche* X, *fig.* 4) est la base de la forme primitive, le carré GG sera la base du premier octaèdre obtus, FF la base du premier octaèdre aigu, les axes principaux étant supposés les mêmes et semblablement placés. Or, le carré GG est double du quarré AA, et le carré FF n'est que la moitié du carré AA. Le carré qui forme le deuxième octaèdre obtus a les mêmes rapports avec le quarré GG que celui-ci avec le carré AA, et ainsi de suite. Les bases des octaèdres de cette série, pour des axes principaux égaux, décroissent des plus obtus aux plus aigus, suivant une progression géométrique, qui est, en prenant la base de la forme primitive pour l'unité,

$$..16 : 8 : 4 : 2 : 1 : 1/2 : 1/4 : 1/8 : 1/16..$$

Les bases de ces octaèdres ont des positions différentes les unes par rapport aux autres. Les bases des octaèdres de la première classe sont placées comme le carré AA, (*planche* X, *fig.* 4), et les bases des octaèdres de la seconde classe comme les carrés FF ou GG. Si l'on compare entre elles les bases des octaèdres de la première classe, on trouve les rapports

....16 : 4 : 1 : 1/4 : 1/16....

et par conséquent les axes secondaires semblables sont entre eux comme

....4 : 2 : 1 : 1/2 : 1/4....

Dans la base AA de la forme primitive (*pl.* X, *fig.* 3), ainsi que dans la base GG du premier octaèdre obtus, les lignes *aa'* et *aa'* sont les axes secondaires ; par conséquent ces lignes, quoique différemment placées dans les deux octaèdres par rapport aux arêtes latérales, sont égales entre elles ; de sorte que les axes secondaires des octaèdres de la seconde classe suivent entre eux les mêmes rapports que ceux des octaèdres de la première classe.

Si maintenant l'on suppose les axes secondaires des octaèdres égaux, et que l'on compare les axes principaux, on trouvera des rapports inverses des précédents. Ces rapports décroissent des octaèdres plus aigus aux octaèdres plus obtus.

Les notations des octaèdres de cette série se déduisent facilement de là. Ces notations sont :

Octaèdre principal........$(a : a : c)$

1er octaèdre obtus.....$(a : \infty\ a : c)$

2 » ».......$(a : a : 1/2\ c)$

3 » »......$(a : \infty\ a\ 1/2\ c)$

4 » ».......$(a : a : 1/4\ c)$

5 » ».....$(a : \infty\ a : 1/4\ c)$

etc. etc.

1er octaèdre aigu .....$(a : \infty\ a : 2\ c)$

2 » ».......$(a : a : 2\ c)$

3 » ».....$(a : \infty\ a : 4\ c)$

4 » ».......$(a : a : 4\ c)$

5 » »......$(a : \infty\ a : 8\ c)$

etc. etc.

Les premiers membres de cette série se présentent fréquemment dans les différentes espèces minérales ; les deuxièmes octaèdres aigus et obtus sont déja rares, et les suivants sont encore plus rares. Outre les octaèdres de cette série, on en rencontre encore beaucoup d'autres, comme nous l'avons déja dit, qui n'appartiennent pas à ces séries, quoique leurs axes soient toujours dans des rapports très-simples avec ceux de la forme principale. Ainsi, on rencontre très-souvent l'octaèdre $(a : a : 1/3\ c)$ dans l'Idocrase et dans l'Anatase, et l'octaèdre $(a : a : 3\ c)$ dans l'Idocrase et dans le Zircon. On rencontre aussi des premiers octaèdres obtus et aigus de ces derniers octaèdres. C'est ainsi que dans la *fig.* 59, qui représente une combinaison du Plomb molybdaté, si l'on regarde l'octaèdre o comme forme primitive, la figure $o/3$ sera l'octaèdre $(a : a : 1/3\ c)$, la figure d sera le premier octaèdre obtus de o, c'est-à-dire l'octaèdre $(a : \propto a : c)$, $2/3\ d$ sera le premier octaèdre aigu de $o/3$, c'est-à-dire l'octaèdre $(a : \propto a : 2/3\ c)$. Cependant comme les octaèdres d'une même espèce minérale doivent être entre eux dans des rapports simples et rationnels, deux octaèdres de classes différentes ne peuvent jamais présenter leurs faces également inclinées vers les axes principaux, car leurs axes secondaires seraient alors entre eux comme $1 : \sqrt{2}$, les axes principaux étant supposés égaux.

Les rapports simples que nous venons de mentionner ne se trouvent au reste que dans les quadratoctaèdres d'une même espèce minérale. Les quadratoctaèdres des espèces différentes sont entre eux dans des rapports tout-à-fait irrationnels, et sont par conséquent entièrement indépendants les uns des autres. Les cristaux de chaque espèce minérale doivent être rapportés à une forme principale particulière, qui admet les mêmes rapports déterminés entre son axe principal et ses axes secondaires.

Ces rapports sont différents dans les différentes espèces, et ils impriment à chaque espèce son caractère cristallographique. Ainsi dans le deuxième système cristallin, il y a autant de formes primitives différentes que d'espèces minérales appartenant à ce système ; tandis que, dans le système cristallin régulier, il n'y a qu'une seule forme primitive, qui est l'octaèdre régulier.

Il ne paraît pas non plus qu'il existe de rapport simple entre l'axe principal et les axes secondaires d'un même quadratoctaèdre ; du moins jusqu'à présent on n'en a pas encore trouvé. On calcule ces rapports d'après la valeur des angles dièdres que l'on peut mesurer ; on n'a besoin que d'en mesurer un seul, soit l'angle dièdre des arêtes terminales, soit l'angle dièdre des arêtes latérales ; ces deux angles se déduisent aisément l'un de l'autre. Ainsi, dans la forme primitive du Zircon (*fig.* 55), d'après la mesure de l'angle dièdre on a déduit pour le rapport des axes $a : c = 1 : 0,641$; on déduit ensuite de là les valeurs suivantes :

Inclinaison des faces qui forment les arêtes
terminales D   123°, 19′,
latérales   G   84°, 20′.

2. *Face terminale droite.*

Elle est perpendiculaire à l'axe principal et par conséquent parallèle aux axes secondaires ; sa formule est par suite :

$$a : \infty\, a : c).$$

Si elle se présente en combinaison avec le quadratoctaèdre et de plus subordonnée, elle tronque l'angle terminal du quadratoctaèdre et forme un carré, comme la base de l'octaèdre à laquelle elle est parallèle. C'est ainsi que se présente la face *c* dans la *fig.* 56, qui représente le Mellite. Comme dans le quadratoctaèdre les angles terminaux sont différents des angles latéraux, il en résulte que les premiers peuvent être tronqués sans que les autres le soient. C'est ce qui arrive dans la *fig.* 58, qui représente une des formes de l'Anatase.

Si au contraire la face terminale droite domine dans la combinaison, la forme résultante prend l'aspect d'une table.

3. *Prismes rectangulaires à quatre faces.*

Il existe deux espèces de ces prismes; elles se distinguent par leurs positions qui sont opposées. Dans ces deux prismes, les faces sont parallèles aux axes principaux, mais les axes secondaires joignent dans l'un les angles, et dans l'autre les points milieux des côtés des sections rectangulaires faites par des plans transversaux passant par le milieu de l'axe principal. Ces sections se confondent pour leur position avec les bases des quadratoctaèdres de la première et de la seconde classe. Le prisme dont la section transversale est placée comme la base du quadratoctaèdre de la première classe, est appelé *premier prisme rectangulaire à quatre faces*, et sa notation est :

$$(a : a : \infty\, c);$$

le prisme dont la section transversale est placée comme la base du quadratoctaèdre de la seconde classe, prend le nom de *deuxième prisme rectangulaire à quatre faces*, et sa notation est :

$$(a : \infty\, a : \infty\, c).$$

Les prismes à quatre faces se présentent très-souvent combinés avec les quadratoctaèdres.

Dans la combinaison du premier prisme à quatre faces avec la forme primitive, les faces de la première figure viennent tronquer les arêtes latérales de la forme primitive, et les faces de la forme primitive donnent lieu à un pointement à quatre faces sur l'extrémité du prisme ; les faces du pointement sont placées symétriquement sur les faces du prisme. Les faces du prisme dans les deux cas sont des rectangles, elles éloignent plus ou moins les faces supérieures et inférieures du quadratoctaèdre. Ex. : Zircon (*fig.* 61).

Tous les prismes rectangulaires à quatre faces et les quadratoctaèdres de la même classe se comportent entre eux de la même manière.

Dans la combinaison du deuxième prisme à quatre faces avec la forme primitive, les faces du prisme forment des troncatures droites sur les angles de la forme primitive et présentent la figure de rhombes semblables à ceux que donnent les sections faites par des plans passant par deux arêtes terminales opposées, sections auxquelles ces faces sont d'ailleurs parallèles.

Il en est ainsi des faces a dans la *fig.* 56, qui représente une des formes du Mellite : dans la même figure se trouve aussi la face terminale droite c, qui est un carré.

Les faces de la figure primitive forment des pointements à quatre faces sur les extrémités du prisme ; les faces de ces pointements reposent symétriquement sur les arêtes du prisme. Les faces de la forme primitive sont des rhombes, et celles du prisme des hexagones symétriques : *fig.* 62, Zircon.

C'est de cette manière que se comportent entre eux tous les prismes rectangulaires à quatre faces et les quadratoctaèdres d'ordres différents.

Les deux prismes rectangulaires à quatre faces se présentent aussi très-souvent ensemble. Dans leurs combinaisons les faces de l'un forment des troncatures sur les arêtes de l'autre : *fig.* 63, Étain oxidé.

Les deux prismes se trouvent aussi combinés

avec la face terminale droite, et donnent lieu à des formes qui, lorsque les faces ont à peu près la même grandeur, ressemblent beaucoup à l'hexaèdre. Mais il n'y a que les deux faces terminales qui soient des carrés; les faces latérales, c'est-à-dire les faces des prismes, sont des rectangles.

Dans ces combinaisons dominent tantôt les faces des prismes, tantôt les faces terminales, ce qui fait que le cristal est tantôt allongé, tantôt aplati.

Dans la combinaison du premier prisme et de la face terminale droite, les faces de la forme primitive tronquent les arêtes de combinaison qui existent entre ces deux figures. Cette forme cristalline se rencontre très-fréquemment dans l'Idocrase, et même avec beaucoup de variations dans la grandeur des faces : *fig.* 65, sans les faces 2 *g*, 2 et *a*.

Les faces de la forme primitive donnent, dans la combinaison du second prisme avec la face terminale droite, des troncatures sur les angles; de sorte que cette combinaison est analogue à celle représentée *fig.* 14; seulement les faces de troncature sont des triangles isocèles, et ne sont placées symétriquement que sur les arêtes du prisme.

Cette forme composée se montre aussi très-fréquemment dans l'Apophyllite avec de grandes variations dans les rapports de grandeur des trois formes simples qui la composent. La *fig.* 56, une des formes du Mellite, représente une de ces combinaisons avec l'octaèdre dominant.

4. *Dioctaèdres.*

Ces figures ont seize faces, vingt-quatre arêtes et dix angles; ils présentent en masse l'aspect de quadratoctoèdres sur les faces desquels il se serait formé des arêtes dans la direction des diagonales de ces faces, (*fig.* 60).

Les faces sont des triangles scalènes. .

Les arêtes sont de trois espèces : huit arêtes terminales D, plus longues et plus aiguës, qui occupent la place des arêtes terminales des quadrat. octaèdres de la première classe ; huit arêtes terminales F, plus courtes et plus obtuses, qui sont situées entre les premières, et occupent la place des arêtes terminales des quadratoctaèdres de la seconde classe ; huit arêtes latérales G, situées dans un même plan et qui correspondent deux à deux à une arête latérale du quadratoctaèdre.

Les angles sont de trois espèces : deux angles symétriques à huit faces C, correspondant aux angles terminaux du quadratoctaèdre; quatre angles symétriques à quatre faces A, qui correspondent aux angles latéraux du quadratoctaèdre de la première classe; quatre angles symétriques à quatre faces E, correspondant aux angles latéraux du quadratoctaèdre de la seconde classe.

L'axe principal joint les angles C ; les axes secondaires sont menés entre les angles A.

Les sections faites par des plans passant par deux arêtes D ou F opposées dans les angles terminaux, sont des rhombes, et la section menée par les arêtes latérales donne un octogone symétrique, qui est représenté *fig.* 5, *planche* X. Dans les sections que l'on obtient pour les différents dioctaèdres, ce sont tantôt les angles A, tantôt les angles E qui sont les plus obtus; l'angle E se rapproche davantage tantôt d'un angle de 90°, tantôt d'un angle de 180°.

Chaque face du dioctaèdre coupe, si on la prolonge suffisamment, les trois axes; elle coupe différemment les deux axes secondaires. Ainsi la notation de cette face doit être :

$$(a : n\,a : m\,c).$$

Tous les dioctaèdres qui se présentent dans une même espèce minérale, admettent des rapports rationnels et simples entre leurs axes et les axes correspondants de la forme primitive. Les deux espèces d'arêtes terminales ont toujours la même position que les arêtes terminales de deux octaédres qui se trouvent dans la substance ou du moins qui pourraient s'y trouver, de sorte que les lettres m et n, dans la notation précédente, ne représentent jamais que des nombres rationnels et simples, mais qui peuvent être entiers ou fractionnaires. Comme des quadratoctaèdres de différentes classes, mais ayant la même inclinaison de leurs faces vers l'axe principal, ne peuvent pas se présenter ensemble, il en résulte nécessairement que des dioctaèdres ayant les faces qui forment leurs deux espèces d'arêtes terminales, également inclinées vers l'axe, ne peuvent pas non plus se présenter ensemble.

Les dioctaèdres n'ont pas été trouvés isolés jusqu'à présent, mais toujours en combinaison avec d'autres formes; encore dans ces combinaisons sont-ils toujours subordonnés. Les dioctaèdres qui se rencontrent le plus fréquemment sont ceux dans lesquels le rapport entre l'axe principal et un des axes secondaires est le même que celui qui existe dans la forme primitive, tandis que le second axe secondaire est plus petit que l'axe correspondant de la forme primitive. Les faces d'un tel dioctaèdre apparaissent dans leur combinaison avec la forme primitive et avec le second prisme, comme des faces de troncature obliques des arêtes de combinaison. C'est ainsi que se présente le dioctaèdre qui est le plus commun dans le Zircon, et dont la notation est :

$$(a : 1/3\ a : c) :$$

il est représenté *fig.* 64, dans la combinaison

mentionnée, et il est représenté isolé dans la *fig.* 60; les faces sont marquées 3.

On rencontre aussi souvent des dioctaèdres qui coupent la forme primitive suivant des arêtes, comme le premier octaèdre aigu; ces arêtes sont par conséquent parallèles aux diagonales des faces de la forme primitive. De cette espèce est le dioctaèdre qui est le plus commun dans l'Idocrase, et dont la notation est :

$$(a : 1/3 \ a : 1/2 \ c).$$

Les faces sont marquées 2 dans la *fig.* 65, qui représente une forme de l'Idocrase de Egg, près de Christiansand.

Outre les dioctaèdres dont nous venons de parler, il existe encore un grand nombre d'autres formes qui ont avec des octaèdres que l'on rencontre réellement dans la nature, ou avec des octaèdres qui sont seulement possibles, les mêmes rapports que les dioctaèdres avec leur forme primitive, et qui, par conséquent, peuvent donner lieu à un grand nombre de combinaisons différentes.

5. *Prismes à huit faces.*

Ces formes ont huit faces et des arêtes de deux espèces, toutes parallèles à l'axe principal, et qui sont alternativement aiguës et obtuses; leur section transversale perpendiculaire a la même forme que celle du dioctaèdre. Leur notation est par conséquent :

$$(a : n\,a : \infty\,c),$$

n représentant encore un nombre rationnel simple, entier ou fractionnaire. Les prismes à huit faces qui sont les plus communs sont ceux dont les notations sont :

$$(a : 2\,a : \infty\,c),$$
$$(a : 3\,a : \infty\,c).$$

Des prismes à huit faces, à arêtes latérales égales et à faces homologues, ne peuvent pas plus se rencontrer ensemble que les dioctaèdres dont les deux espèces d'arêtes terminales sont égales.

Les prismes à huit faces se présentent rarement isolés dans le deuxième système cristallin; ils sont ordinairement combinés avec les deux prismes rectangulaires à quatre faces et ils forment des troncatures obliques sur les arêtes de combinaison; c'est ce qui arrive dans l'Idocrase (*fig.* 65), dans laquelle les faces du prisme $(a : 2\,a : \infty\,c)$ sont marquées 2 *g*. Ils se trouvent aussi en combinaison avec le premier ou le second prisme rectangulaire à quatre faces, et forment alors des biseaux sur les arêtes. L'Apophyllite présente une combinaison de cette espèce : celle du prisme à huit faces $(a : 2\,a : \infty\,c)$ avec le deuxième prisme à quatre faces (*fig.* 66).

Quelquefois deux prismes à huit faces entrent

à la fois en combinaison avec un prisme à quatre faces, ce qui donne lieu à vingt-quatre faces latérales.

RÉCAPITULATION DES FORMES ET DES ZONES
DU SECOND SYSTÈME CRISTALLIN.

D'après ce qui précède, les formes du deuxième système cristallin sont les suivantes :

1. quadratoctaèdre, forme primitive $(a : a : c)$
  quadratoctaèdres de la 1re classe $(a : a : mc)$
  quadratoctaèdres de la 2e classe $(a : \infty a : mc)$
2. face terminale droite $(\infty a : \infty a : c)$
3. premier prisme à quatre faces $(a : a : \infty c)$
4. second prisme à quatre faces $(\infty a : a : \infty c)$
5. dioctaèdre $(a : na : mc)$
6. prisme à huit faces $(a : na : \infty c)$

Elles sont classées d'après leur position dans différentes zones du deuxième système cristallin. Ces zones sont les suivantes :

1. *Zone dont l'axe est l'axe principal de la forme primitive.*

Dans cette zone sont placées les faces des prismes suivants :

1. les faces du 1er prisme à 4 faces $(a : a : \infty c)$;
2. « du prisme à 8 faces $(a : na : \infty c)$;
3. « du 2e prisme à 4 faces $(a : \infty a : \infty c)$;

La zone de ces faces s'étend horizontalement autour du cristal, ce qui lui a fait donner le nom de *zone horizontale*; toutes les faces qui appartiennent à cette zone ont dans leur notation $\infty\, c$.

II. *Zones dont l'axe est un des axes secondaires de la forme primitive.*

Il existe deux de ces zones correspondant à chacun des axes secondaires. Dans ces zones sont placées les faces :

1. les faces du 2e prisme à 4 faces $(a : \infty\, a : \infty\, c)$;

2. « des quadratoctaèdres de la 2e classe $(a : \infty\, a : mc)$, qui sont plus aigus que le premier quadratoctaèdre obtus, par conséquent dans lesquels m est plus grand que 1;

3. « du premier octaèdre obtus $(a : \infty\, a : c)$;

4. « des quadratoctaèdres de la 2e classe $(a : \infty\, a : mc)$, qui sont plus obtus que le premier octaèdre obtus, dans lesquels, par conséquent, m est plus petit que 1;

5. la face terminale droite $(\infty\, a : \infty\, a : c)$.

On appelle ces zones, *les zones verticales du second prisme*; toutes les faces qui appartiennent à ces zones ont dans leur notation $\infty\, a$.

III. *Zones dont les axes sont parallèles à une des arêtes latérales de la forme primitive.*

La forme primitive ayant quatre arêtes latérales parallèles deux à deux, il doit exister nécessairement deux zones de cette espèce. Dans ces zones sont situées les faces :

1. du 1er prisme à quatre faces $(a : a : \infty\, c)$;

2. des quadratoctaèdres de première classe $(a : a : m\, c)$, plus aigus que la forme primitive, dans lesquels, par conséquent, m est plus grand que 1;

3. de la forme primitive $(a : a : c)$;

4. des quadratoctaèdres de la première classe, $(a : a : m\, c)$, plus obtus que la forme primitive, dans lesquels par conséquent m est plus petit que 1;

5. La face terminale droite $(\infty\, a : \infty\, a : c)$.

On appelle ces zones, *les zones verticales du premier prisme;* toutes les faces qui appartiennent à ces zones ont dans leur notation les lettres a affectées des mêmes coefficients.

IV. *Zones dont les axes sont parallèles aux arêtes latérales d'un certain dioctaèdre, par exemple, du dioctaèdre $(a : 1/3\, a : c)$.*

Il existe quatre de ces zones, car le dioctaèdre

a huit arêtes latérales parallèles deux à deux. Dans ces zones sont situées les faces :

1. du prisme à huit faces ($a : 1/3\,a : \infty\,c$);

2. des dioctaèdres ($a : 1/3\,a : mc$), dans lesquels m est plus petit, égal ou plus grand que 1;

3. La face terminale droite ($\infty\,a : \infty\,a : c$).

On appelle ces zones, *les zones verticales du prisme à huit faces* ($a : 1/3\,a : \infty\,c$). Les faces de ces zones ont dans leur notation $a : 1/3\,a$.

Outre les zones verticales du prisme à huit faces que nous venons de considérer en particulier, il existe encore autant de zones verticales de prismes à huit faces que l'on peut concevoir de ces prismes à huit faces.

V. Zones dont les axes sont parallèles à une arête terminale de la forme primitive.

Comme la forme primitive a huit arêtes terminales parallèles deux à deux, il existe nécessairement quatre de ces zones. Dans ces zones sont situées les faces :

1. du premier octaèdre obtus ($a : \infty\,a : c$);

2. des dioctaèdres ($a : n\,a : c$), qui ont un a et le c égaux à ceux de la forme primitive, mais dans lesquels le second a est plus grand que celui de cette forme primitive, et dans lesquels par conséquent n est plus grand que 1;

3. de la forme primitive ($a : a : c$);

4. des dioctaèdres ($a : n\,a : c$), qui ont le *c* et un *a* égaux à ceux de la forme primitive, mais le second *a* plus petit que celui de la forme primitive, dans lesquels, par conséquent, *n* est plus petit que 1 ;

5. du second prisme à quatre faces ($a : \infty\,a : \infty\,c$).

On appelle ces zones, *les zones des arêtes de la forme primitive*. Leurs faces ont dans leur notation le même rapport de *c* à un des *a* que dans la forme primitive.

De semblables zones d'arêtes peuvent être déduites des autres quadratoctaèdres de la première classe. Dans les zones d'arêtes de chaque octaèdre de la première classe sont toujours situées les mêmes faces, notamment les faces de son premier octaèdre obtus, ses propres faces, les faces des dioctaèdres qui ont le même rapport entre *c* et un des *a*, et les faces du second prisme à quatre faces.

VI. *Zones dont les axes sont parallèles à une diogonale des faces de la forme primitive.*

Il existe quatre de ces zones, qui comprennent les faces :

1. de la forme primitive ($a : a : c$);

2. des dioctaèdres ($m\,a : n\,a : c$), dans lesquels l'axe principal étant égal à celui de la

forme primitive, *m* est plus grand que 1, *n* est plus petit que 1, mais plus grand que 1/2;

3. du premier octaèdre aigu ($\infty a : 1/2\ a : c$);

4. des dioctaèdres ($m\ a' : n\ a : c$), dans lesquels l'axe principal étant égal à celui de la forme primitive, *m* est plus grand ou plus petit que 1, mais opposé à l'*a* du dioctaèdre ci-dessus mentionné, et *n* plus petit que 1/2. Dans le milieu de cette série de dioctaèdres est situé le dioctaèdre ($a' : 1/3\ a : c$), dans lequel $m = 1$ et $n = 1/3$;

5. du premier prisme à quatre faces ($a : a : \infty\ c$).

On appelle ces zones, *les zones diagonales de la forme primitive;* leurs faces ont des axes secondaires différents de ceux de la forme primitive, les axes principaux étant égaux.

On peut déduire des zones diagonales semblables de chaque quadratoctaèdre de la première classe. Dans les zones diagonales de chaque octaèdre sont placées ses propres faces, les faces de certains dioctaèdres, de son premier octaèdre aigu, et du premier prisme à quatre faces.

Les zones d'arètes et les zones diagonales des quadratoctaèdres de la seconde classe ne sont pas des zones nouvelles; car les diagonales d'un octaèdre correspondant pour leurs positions aux arètes terminales de son premier octaèdre aigu, les zones diagonales de l'un se confondent nécessairement avec les zones d'arètes de l'autre, et une zone diagonale d'un octaèdre peut être appelée *zone d'arête* de son premier octaèdre aigu, et une zone d'arète d'un octaèdre peut être appelée *zone diagonale* de son premier octaèdre obtus. Ces zones déterminent complétement toutes les directions que les faces du deuxième système cristallin peuvent affecter, et il ne peut exister d'autres zones que celles dont nous venons de parler.

B. FORMES HÉMIÉDRIQUES.

Il se présente aussi dans ce système cristallin des formes hémiédriques; mais parmi ces formes hémiédriques, il n'y a à citer que le *hémioctaèdre* ou *tétraèdre du deuxième système cristallin*. Il dérive des quadratoctaèdres de la même manière que les hémioctaèdres du système cristallin régulier dérivent de leurs octaèdres, c'est-à-dire par l'extension des faces alternatives qui fait disparaître les faces intermédiaires.

Les hémioctaèdres du deuxième système cristallin ont donc aussi quatre faces, six arêtes et quatre angles.

Les faces sont des triangles isocèles.

Les arètes sont de deux espèces : deux arêtes terminales X, et quatre arêtes latérales Y.

Les angles **I** sont égaux à trois faces et irréguliers.

Les axes joignent les points milieux de deux arètes opposées.

Les angles formés par les arètes du tétraèdre dépendent des angles des arètes du quadratoctaèdre dont ils dérivent. Les angles **X**, formés par les arètes terminales du tétraèdre, sont les compléments des angles formés par les arètes latérales de l'octaèdre ; les angles **Y**, formés par les arètes latérales du tétraèdre, sont les compléments des angles formés par les arètes terminales de l'octaèdre.

Ces hémioctaèdres se rencontrent principalement dans la Pyrite cuivreuse.

Les dioctaèdres présentent aussi quelquefois des formes hémiédriques, mais cela arrive trop rarement pour qu'il soit nécessaire de s'y arrêter.

III.

TROISIÈME SYSTÈME CRISTALLIN.

Les formes de ce système cristallin sont caractérisées par quatre axes, dont trois semblables entre eux se coupent sous des angles de 60°; le quatrième, d'espèce différente, est perpendiculaire aux trois autres. Ce dernier axe unique est pris pour axe principal, et les trois autres sont considérés comme axes secondaires; le premier est marqué *c*, et chacun des trois autres est désigné par *a*. L'axe secondaire qui se dirige en avant est appelé le *premier axe secondaire*; celui qui s'étend à droite, le *second axe secondaire*; enfin le dernier est le *troisième axe secondaire*.

Les formes de ce système cristallin ont beaucoup de ressemblance avec celles du système précédent. Les formes des deux systèmes ont, d'après la disposition de leurs axes, des positions déterminées, et la même symétrie des faces; seulement les formes du second système cristallin ont, à cause de leurs deux axes secondaires,

4, 8 ou 16 faces, tandis que celles du troisième système cristallin ont, à cause de leurs trois axes secondaires, 6, 12 ou 24 faces. On distingue également dans ce système des arêtes terminales et des arêtes latérales, des angles terminaux et des angles latéraux ; et parmi les formes qui se présentent dans la nature, il s'en trouve qui terminent complétement le cristal, et d'autres qui ne présentent que des faces isolées ou des systèmes de faces qui ne terminent pas à elles seules le cristal.

A. Formes homoédriques.

1. *Hexagondodécaèdre* [1], *fig.* 67. Quartz.

Ces formes ont douze faces, dix-huit arêtes et huit angles.

Les faces sont des triangles isocèles.

Les arêtes sont de deux espèces : douze arêtes terminales D, dont six supérieures et six inférieures, et six arêtes latérales G.

Les angles sont aussi de deux espèces : deux angles terminaux C à six faces et réguliers, six angles latéraux A à quatre faces et symétriques.

[1] Ces hexagondodécaèdres seront souvent appelés, par la suite, dodécaèdres, mais dans les cas seulement où il sera impossible de les confondre avec le dodécaèdre régulier.

La section faite par les arêtes latérales est un hexagone régulier; elle est prise pour *base* du cristal : c'est la figure de cette section qui a fait donner à cette forme le nom de *hexagon-dodécaèdre*. Les sections faites par deux arêtes terminales parallèles donnent des rhombes.

Les différents *hexagondodécaèdres* sont distingués en dodécaèdres aigus et en dodécaèdres obtus, selon que leur axe principal est plus long ou plus court que chacun de leurs axes secondaires.

Ils se distinguent plus particulièrement par la disposition de leurs faces relativement à leurs axes et par leurs positions respectives, absolument de la même manière que les quadratoctaèdres. D'après cela on les distingue en hexagon-dodécaèdres de première et de seconde classe.

Dans les deux classes de dodécaèdres, les axes principaux joignent les angles terminaux; mais dans les dodécaèdres de la première classe, les axes secondaires joignent les angles latéraux opposés, de sorte que la base de ces dodécaèdres a, par rapport à leurs axes secondaires, la même position que l'hexagone *pl.* X, *fig.* 7, par rapport à ses diagonales.

Dans les dodécaèdres de la seconde classe, au contraire, les axes secondaires joignent les points milieux des arêtes latérales opposées; de telle manière que la base d'un de ces dodécaèdres a la même position par rapport aux axes secondaires que l'hexagone *pl.* X, *fig.* 8, par rapport aux trois lignes *a a'*.

Les faces des hexagondodécaèdres de la première classe ne coupent que deux axes secondaires et sont parallèles au troisième.

Les faces des dodécaèdres de la seconde classe coupent un des axes secondaires, et ne coupent les deux autres que si on les prolonge suffisamment.

Les bases de deux dodécaèdres, l'un de la première et l'autre de la seconde classe, sont dans le rapport de 3 : 4, en supposant les axes secondaires égaux.

Parmi les cristaux d'une même espèce minérale, qui appartiennent au troisième système cristallin, on rencontre souvent un nombre très-grand de hexagondodécaèdres, mais les axes de tous ces dodécaèdres sont toujours entre eux dans des rapports rationnels et simples. Pour établir ces rapports, on compare ces figures à une même forme déterminée que l'on prend pour *forme primitive*, et qui reçoit le nom de *hexagondodécaèdre principal* ou simplement de *dodécaèdre principal;* on se guide dans le choix de cette forme d'après les raisons que nous avons données précédemment pour le choix de la forme primitive du deuxième système cristallin. Cette forme primitive établit quels sont les dodécaèdres de la première classe et quels sont ceux de la seconde classe.

La notation de la forme primitive est :
$$(a : a : \infty\, a : c);$$
celle des dodécaèdres de la première classe,
$$(a : a : \infty\, a : mc);$$
celle des dodécaèdres de la seconde classe,
$$(2\, a : a : 2\, a : mc);$$
m représentant toujours un nombre rationnel simple, entier ou fractionnaire. Deux dodécaèdres de classes différentes, mais ayant leurs faces également inclinées vers leur axe principal, ne peuvent pas plus se présenter ensemble, que deux octaèdres qui présentent ces dispositions, car alors leurs axes se trouveraient dans des rapports irrationnels.

Dans les combinaisons que ces différents dodécaèdres forment avec la forme primitive, ces dodécaèdres se comportent comme les différents quadratoctaèdres combinés avec l'octaèdre primitif, et l'on retrouve les mêmes rapports que dans le deuxième système cristallin. Les dodécaèdres présentent, comme les quadratoctaèdres, des séries de 1er, 2e, 3e, etc., etc., dodécaèdres obtus, et des séries de 1er, 2e, 3e, etc. etc. dodécaèdres aigus.

On ne trouve pas plus de rapports entre les dodécaèdres des espèces minérales différentes qu'entre les quadratoctaèdres d'espèces différentes. Leurs axes sont entre eux dans des rapports ou irrationnels ou du moins très-compliqués. L'axe principal et les axes secondaires du même dodécaèdre n'ont pas non plus entre eux aucun rapport simple, du moins on n'en connaît pas jusqu'à présent. On détermine la grandeur de ces axes d'après les angles dièdres des arêtes terminales et latérales, que l'on peut mesurer facilement ; il suffit encore ici de mesurer un seul de ces angles, l'autre se déduit facilement du premier par le calcul. On a trouvé de cette manière dans la forme primitive du Quartz que le rapport entre les axes était :

$$a : c = 1 : 1, 1 ;$$

d'où l'on déduit les valeurs suivantes pour les angles :

Inclinaison des faces qui forment les arêtes

terminales   D   133°, 24′

latérales   G   103°, 34′

2. *Face terminale droite.*

Elle est perpendiculaire à l'axe principal, et par suite parallèle aux axes secondaires ; sa notation est :

$$(\infty a : \infty a : \infty a : c).$$

Dans ses combinaisons avec le dodécaèdre,

elle se présente comme face de troncature droite des angles terminaux et forme un hexagone régulier, semblable à celui de la base à laquelle elle est parallèle.

3. *Prismes à six faces.*

Leurs six faces sont parallèles à l'axe principal et se coupent sous des angles de 120°. Il y a deux prismes à six faces différents qui se distinguent par leurs positions opposées, de la même manière que les deux prismes rectangulaires à quatre faces du système cristallin précédent. Dans l'un de ces prismes, les axes secondaires joignent les angles; dans l'autre, ces axes joignent les points milieux des côtés d'une section transversale perpendiculaire à l'axe du prisme et menée par son milieu. La section transversale de l'un des prismes est placée comme la base du dodécaèdre de la première classe, et la section transversale de l'autre est placée comme la base du dodécaèdre de la seconde classe. Le premier prisme est appelé le *premier prisme à six faces*, et le second, le *second prisme à six faces*.

La notation du premier est :

$$(a : a : \infty\, a : \infty\, c);$$

celle du second,

$$(2\, a : a : 2\, a : \infty\, c).$$

Les prismes à six faces entrent très-fréquemment en combinaison avec l'hexagondodécaèdre.

Dans la combinaison du premier prisme à six faces avec la forme primitive , les faces de la première forme sont des faces de troncature des arêtes latérales de la forme primitive. Les faces de la forme primitive forment des pointements à six faces sur les extrémités du prisme; les faces de ces pointements reposent sur les faces du prisme (*fig.* 68). Quartz.

Dans la combinaison du deuxième prisme à six faces avec la forme primitive, les faces du prisme forment des troncatures sur les angles latéraux de la forme primitive. Les faces de la forme primitive figurent des pointements à six faces aux extrémités du prisme. Les faces de ces pointements sont placées sur les arêtes du prisme et présentent la figure de quadrilatères symétriques.

Tous les dodécaèdres et prismes à six faces de la même classe donnent lieu à des combinaisons analogues à celle que nous avons mentionnée la première; et les dodécaèdres et prismes de classes différentes donnent des combinaisons analogues à celles que nous avons mentionnées en dernier.

Les deux prismes se présentent aussi souvent combinés ; dans ces combinaisons les faces de l'un sont des faces de troncature des arêtes de l'autre.

Les deux prismes isolés ou combinés se rencontrent aussi conjointement avec la face terminale droite : dans ces dernières combinaisons dominent tantôt les faces des prismes, tantôt, au contraire, la face terminale; de sorte que le cristal présente, tantôt la forme d'un prisme allongé, tantôt la forme tabulaire.

4. *Didodécaèdre* (*fig.* 69). Ces formes ont 24 faces, 36 arêtes et 14 angles : elles ressemblent en gros à un hexagondodécaèdre dans lequel il se serait formé des arêtes dans le sens des diagonales de ses faces. Les faces sont des triangles scalènes.

Les arêtes sont de trois espèces : douze arêtes terminales D qui correspondent par leur position aux arêtes terminales du dodécaèdre de la première classe; douze arêtes terminales F correspondant par leur position aux arêtes terminales du dodécaèdre de la seconde classe; douze arêtes latérales G qui correspondent deux à deux à une arête latérale du dodécaèdre.

Les angles sont de trois espèces : deux angles à douze faces symétriques C correspondant aux angles terminaux du quadratoctaèdre; six angles latéraux à quatre faces et symétriques A qui correspondent aux angles latéraux de l'hexagondodécaèdre de la première classe, et six angles latéraux à quatre faces et symétriques E correspondant aux angles latéraux de l'hexagondodécaèdre de la seconde classe.

Les arêtes terminales et les angles latéraux, qui correspondent aux arêtes terminales et aux angles latéraux des dodécaèdres du premier ordre, sont appelés les *premières arêtes terminales*, les *premiers angles latéraux;* tandis que ceux qui correspondent aux arêtes terminales et aux angles latéraux des dodécaèdres du second ordre sont appelés *secondes arêtes terminales, seconds angles latéraux*. Dans les différents didodécaèdres ce sont tantôt les premières espèces d'arêtes, tantôt les secondes, qui sont les plus obtuses.

L'axe principal joint les angles terminaux C ; les axes secondaires joignent les premiers angles latéraux A.

Les sections faites dans le cristal par des plans passant par deux arêtes D ou F opposées, sont des rhombes. La section faite par un plan passant par les arêtes latérales est un dodécagone symétrique. La notation générale des didodécaèdres est :

$$(a : na : pa : mc).$$

Ils sont aux hexagondodécaèdres ce que les dioctaèdres sont aux quadratoctaèdres. Dans chaque espèce minérale, on rencontre un grand nombre de variétés de cette forme, mais toujours leurs axes sont en rapport simple avec ceux de la forme primitive. Cela ne pourrait avoir lieu pour les didodécaèdres dont les deux espèces d'angles terminaux seraient égales; ainsi de telles figures ne peuvent pas se rencontrer.

Au reste, les didodécaèdres sont encore plus rares que les dioctaèdres; ils sont toujours subordonnés dans les combinaisons dans lesquelles ils entrent. Le plus souvent leurs faces se présentent comme des faces de troncature des arêtes de combinaison d'un hexagondodécaèdre et d'un prisme à six faces de classe différente de celle du dodécaèdre. C'est de cette manière que se présentent les faces du dioctaèdre

$$(a : 1/2\, a : 1/3\, a : c)$$

dans l'Émeraude représentée *fig.* 70, où g représente les faces du premier prisme à six faces $(a : a : \infty\, a : \infty\, c)$, c la face terminale droite $(\infty\, a : \infty\, a : \infty\, a : c)$, r les faces de la forme primitive $(a : a : \infty\, a : c)$, $2\,r$ les faces d'un dodécaèdre aigu de la première classe $(a : a : \infty\, a : 2\, c)$, $2d$ les faces d'un dodécaèdre de la deuxième classe $(2\, a : a : 2\, a : 2\, c)$, qui tronquent les arêtes terminales de la forme $2r$ et qui formeraient des rhombes si elles n'étaient pas modifiées par les faces $2r$; enfin s les faces du didodécaèdre $(a : 1/2\,a : 1/3\,a : c)$, qui tronquent les arêtes de combinaison du dodécaèdre de la seconde classe et du premier prisme à six faces, et qui par conséquent présentent le même rapport entre c et un des a que la forme primitive. La *fig.* 69 représente ce didodécaèdre isolé sans autres faces.

5. *Prismes à douze faces.*

Ces prismes ont douze faces et douze arêtes parallèles à l'axe principal, mais les arêtes sont de deux espèces; les six arêtes alternatives sont aiguës, les six autres obtuses. La section transversale perpendiculaire à l'axe principal est de même nature que la base du didodécaèdre. La notation de ces prismes est par conséquent : $(a : n\,a : p\,a : \infty\,c)$.

Les faces des prismes à six faces se rencontrent ordinairement en combinaison avec le premier ou avec le second prisme à six faces, ou avec les deux à la fois, et déterminent, comme les faces du prisme à huit faces, des biseaux sur les arêtes du premier ou du second prisme à six faces, ou des troncatures obliques sur les arêtes de combinaison dans les combinaisons des deux prismes. Si le prisme à douze faces se combine avec les deux prismes à six faces, ce qui a lieu dans la Tourmaline, alors la combinaison se trouve avoir vingt-quatre faces latérales et paraît par conséquent presque cylindrique. Cette apparence devient encore bien plus marquée lorsque deux prismes à douze faces viennent se combiner avec les deux prismes à six faces.

Un prisme à douze faces, à arêtes latérales égales, ne peut pas plus se présenter comme forme simple qu'un didodécaèdre avec ses angles terminaux égaux. Le prisme à douze faces et à arêtes égales n'est pas une forme simple, et il occupe une position différente de celle du prisme à douze faces à arêtes inégales.

RÉCAPITULATION DES FORMES

DU TROISIÈME SYSTÈME CRISTALLIN.

Positions des faces dans les différentes zones.

Les formes qui appartiennent au système cristallin dont nous nous occupons, sont :

1. les hexagondodécaèdres
  forme primitive $(a : a : \infty a : c)$
  hexagondodécaèdres de première classe
  $$(a : a : \infty a : mc)$$
  «   «   2e « $(2a : a : 2a : mc)$
2. face terminale droite $(\infty a : \infty a : \infty a : c)$
3. 1er prisme à 6 faces $(a : a : \infty a : \infty c)$
  «   «   2e « $(2a : a : 2a : \infty c)$
4. didodécaèdre $(a : na : pa : mc)$
5. prisme à 12 faces $(a : na : pa : \infty c)$

Les formes du troisième système cristallin ont cela de commun avec celles du second système, qu'elles ont un axe principal et plusieurs axes secondaires égaux. Il résulte de là que ces formes ont les mêmes zones, qui portent aussi les mêmes noms, et qui ne se distinguent de celles du deuxième système qu'en ce que les zones semblables sont au nombre de deux ou de quatre dans le deuxième système, tandis que, dans le troisième, elles sont au nombre de trois ou de six.

I. *Zone horizontale.*

Cette zone est unique; elle comprend les faces :

1. du 1er prisme à 6 faces $(a : a : \infty a : \infty c)$;
2. du prisme à 12 faces $(a : na : pa : \infty c)$;
3. du 2e prisme à 6 faces $(2a : a : 2a : \infty c)$.

Les faces appartenant à ces zones ont toutes ∞c dans leurs notations.

II. *Zones verticales du premier prisme.*

Il existe trois de ces zones qui comprennent les faces :

1. du 1er prisme à 6 faces $(a : a : \infty a : \infty c)$;
2. des hexagondodécaèdres de 1re classe

$$(a : a : \infty a : mc);$$

qui sont plus aigus que la forme primitive, dans lesquels par conséquent m est plus grand que 1;

3. de la forme primitive $(a : a : \infty a : c)$;

4. des hexagondodécaèdres de la première classe ($a : a : \infty a : m c$), qui sont plus obtus que la forme primitive et par conséquent dans lesquels m est plus petit que 1;

5. la face terminale droite ($\infty a : \infty a : \infty a : c$). Toutes les faces de ces zones ont dans leur notation ∞a et les deux autres a affectés du même coefficient.

III. *Zones verticales du second prisme.*

Il y a trois de ces zones; elles comprennent les faces:

1. du second prisme à six faces ($2 a : a : 2 a : \infty c$);

2. des dodécaèdres de la deuxième classe ($2 a : a : 2 a : m c$), qui sont plus aigus que la première forme aiguë, par conséquent dans lesquels m est plus grand que 1;

3. du premier dodécaèdre obtus ($2 a : a : 2 a : c$);

4. des dodécaèdres de la deuxième classe ($2 a : a : 2 a : m c$), qui sont plus obtus que le premier dodécaèdre obtus, dans lesquels par conquent m est plus petit que 1;

5. la face terminale droite ($\infty a : \infty a : \infty a : c$). Dans les notations de ces faces les premier et troisième axes a sont doubles du deuxième.

IV. *Zones verticales des prismes à douze faces.*

Chaque prisme à douze faces a six zones

verticales semblables, et il existe autant de ces systèmes de six zones qu'il y a de ces prismes possibles. Les faces qui appartiennent aux zones verticales du prisme à 12 faces $(a : n\,a : p\,a : \infty\,c)$ sont les suivantes :

1. celles du prisme à 12 faces $(a : n\,a : p\,a : \infty\,c)$;
2. « du didododécaèdre $(a : n\,a : p\,a : m\,c)$;
3. de la face terminale droite $(\infty\,a : \infty\,a : \infty\,a : c)$.

Les faces qui sont situées dans les zones verticales d'un même prisme à douze faces ont dans leur notation les mêmes rapports entre leurs trois axes secondaires.

V. *Zones d'arêtes d'un hexagondodécaèdre de la première classe.*

Chaque hexagondodécaèdre de la première classe admet six zones d'arêtes semblables, de sorte qu'il existe autant de ces systèmes de zones que l'on peut concevoir d'hexagondodécaèdres différents de la première classe. Les faces qui appartiennent aux zones d'arêtes d'un hexagondodécaèdre $(a : a : \infty\,a : m\,c)$, sont les suivantes :

1. celles de son premier dodécaèdre obtus
$$(a : 2\,a : 2\,a' : m\,c : {}^{1});$$
2. « des dodécaèdres $(a : n\,a : p\,a' : m\,c)$,

' Le troisième axe secondaire est affecté d'un accent, parce que, si l'on prend pour premier axe, l'axe **secondaire**

dans lesquels n est plus grand que 1, mais plus petit que 2;

3.   «   du dodécaèdre ($a : a : \infty\, a : m c$);

4.   «   des didododécaèdres

$$(a : n a : p a : m c),$$

dans lesquels n est plus petit que 1, mais plus grand que 1/2;

5.   «   du dodécaèdre de la deuxième classe

$$(a : 1/2\, a : a : m c);$$

6.   «   des dodécaèdres $(a : n a : p a : m c)$,

dans lesquels n est plus petit que 1/2.

7.   «   du 1er prisme à 6 faces$(\infty\, a : a : a : \infty\, c)$. Les zones diagonales des hexagondodécaèdres de la première classe sont très peu développées, et nous ne nous en occuperons pas ici.

B. FORMES HÉMIÉDRIQUES.

1. Hémidodécaèdres ou rhomboèdres[1],

(fig. 71 et 72). Quartz.

Ces formes ont six faces, douze arêtes et huit angles. Les faces sont des rhombes.

qui reste invariable pour les faces de la zone d'arêtes, ce troisième axe secondaire se trouve coupé sur le côté opposé par la face du premier dodécaèdre obtus.

[1] Le nom *Rhomboèdres*, qui a été donné à ces formes à cause de la figure de leurs faces, est si communément adopté, que nous l'emploierons exclusivement par la suite; quoique celui de hémidodécaèdre, qui dérive immédiatement du

Les arêtes sont de deux espèces : six arêtes terminales X, dont trois supérieures et trois inférieures, et six arêtes latérales Z, qui ne sont pas situées dans le même plan.

Les angles sont de deux espèces : deux angles terminaux C, à trois faces et réguliers, et six angles latéraux E, à trois faces et irréguliers, et qui sont formés par deux arêtes latérales et une arête terminale. Ces angles ne sont pas non plus situés dans un même plan. Trois angles latéraux alternatifs sont plus rapprochés de l'angle terminal supérieur, et les trois autres plus rapprochés de l'angle terminal inférieur.

L'axe principal joint les deux angles terminaux, les axes secondaires joignent les milieux des arêtes latérales opposées.

Les diagonales des faces, qui joignent un angle terminal à un angle latéral, prennent le nom de *diagonales obliques*, et celles qui sont menées entre deux angles latéraux s'appellent *diagonales horizontales*.

Les sections faites par des plans passant par trois diagonales horizontales contiguës sont des triangles équilatéraux ; la section transversale

nom de la forme homoédrique, soit beaucoup plus systématique et suive la même loi de formation que les noms des autres formes hémiédriques.

perpendiculaire à l'axe principal et passant par le milieu de cet axe est un hexagone régulier dont les diagonales sont les axes secondaires.

Les sections perpendiculaires aux arêtes latérales et terminales sont des rhombes; les angles formés par les arêtes terminales sont par conséquent les compléments des angles formés par les arêtes latérales.

Les sections passant par deux diagonales obliques parallèles sont des rhombes (*pl.* X, *fig.* 12) qui sont perpendiculaires aux faces, par les diagonales C E et C' E', desquelles ces sections ont été menées; elles passent en même temps par deux arêtes terminales adjacentes C E' et C' E, ainsi que par l'axe principal C C'. L E' et L' E sont les lignes d'intersection des sections passant par les diagonales horizontales. Elles partagent l'axe C C' en trois parties égales, et sont coupées par cet axe au tiers de leur longueur. L K$=$1/2 K E'. Ces sections, qui sont au nombre de trois dans chaque rhomboèdre, s'appellent les *sections principales du rhomboèdre.*

Les rhomboèdres sont divisés en rhomboèdres obtus et en rhomboèdres aigus. Dans les premiers, les angles plans formés par les arêtes terminales sont plus grands que 90°; dans les seconds, ces angles sont plus petits que 90°. Les rhomboèdres dans lesquels les angles des arêtes terminales sont de 90", ont aussi leurs angles des arêtes latérales de 90°, et par conséquent, géométriquement, ce sont des hexaèdres. Cependant ces formes se comporteraient comme des rhomboèdres dans leurs combinaisons, ce qui les ferait distinguer facilement des hexaèdres; mais jusqu'à présent on ne les a pas encore rencontrées. Les lignes qui joignent les angles terminaux aux points milieux des arêtes latérales d'un rhomboèdre, correspondent pour leur position aux arêtes terminales d'un hexagondodécaèdre, et les lignes qui joignent les milieux des arêtes latérales du rhomboèdre, correspondent aux arêtes latérales du dodécaèdre hexagonal. Un rhomboèdre est donc la forme hémiédrique d'un hexagondodécaèdre, et se déduit de celui-ci lorsque les faces alternatives prennent assez d'étendue pour faire disparaître les autres faces; il ne reste plus alors que les faces parallèles du cristal. Maintenant, selon que c'est l'un ou l'autre système de faces alternatives qui disparaît, on obtient le rhomboèdre *fig.* 71, ou le rhomboèdre *fig.* 72, dérivés du même hexagondodécaèdre *fig.* 67. Le premier de ces rhomboèdres donne le second, en le faisant tourner d'un angle de 60° autour de l'axe principal, de manière à ce que ses arêtes prennent la direction des faces du deuxième rhomboèdre. Les deux rhomboèdres qui dérivent d'un même hexagondodécaèdre sont, sous ce dernier point de vue, dans le même rapport que deux quadratoctaèdres de la première et de la deuxième classe, ou que deux hexagondodécaèdres de la première et de la deuxième classe. Ils sont à cause de cela appelés *rhomboèdres de la première et de la deuxième classe*[1]. La notation de ces deux rhomboèdres est la même que celle de l'hexagondodécaèdre dont ils dérivent; les rhomboèdres de la deuxième classe se distinguent de ceux de la première, en ce que leurs axes secondaires sont affectés d'un accent, car leurs faces coupent les moitiés d'axes opposées à celles que coupent les faces du rhomboèdre de la deuxième classe.

La notation des rhomboèdres de la première classe est donc :

$$1/2\,(a:a:\infty a:m c).$$

---

[1] Cette dénomination n'est réellement pas tout à fait rationnelle; car les deux rhomboèdres étant des formes hémiédriques, devraient, d'après notre nomenclature, être appelés *hémidodécaèdres de droite et de gauche*, ou *rhomboèdres de droite et de gauche*. Cependant, comme les deux rhomboèdres qui dérivent de deux hexagondodécaèdres de droite et de gauche ne se présentent jamais ensemble, la dénomination précédente ne peut pas donner lieu à des méprises.

La notation des rhomboèdres de la seconde classe est

$$\tfrac{1}{2}\,(\,a' : a' : \infty\,a : m\,c\,).$$

Nous supprimerons, pour abréger, la fraction 1/2 quand nous n'aurons à parler que de rhomboèdres.

Parmi les cristaux d'une même espèce minérale qui affectent les formes hémiédriques du troisième système cristallin, on rencontre souvent beaucoup de rhomboèdres, tant de la première que de la deuxième classe, qui sont plus obtus ou plus aigus. Si l'on suppose les axes secondaires de ces différents rhomboèdres égaux entre eux, les axes principaux seront de grandeurs différentes, mais toujours ces axes seront entre eux dans des rapports rationnels et simples ; comme les axes principaux des hexagondodécaèdres dont les rhomboèdres dérivent. On prend un de ces rhomboèdres pour forme primitive ou pour *rhomboèdre principal*, et on lui compare tous les autres. La notation de cette forme primitive est :

$$(\,a : a : \infty\,a : c\,).$$

Ce rhomboèdre étant une fois déterminé, les rhomboèdres de la première et de la deuxième classe le sont également. Les rhomboèdres dont les faces sont placées comme celles du rhomboèdre principal font partie de la première classe, et ceux dont les faces sont placées dans la direction des arêtes du rhomboèdre principal appartiennent à la seconde classe.

On rencontre dans les rhomboèdres, comme dans les quadratoctaèdres, des séries de rhomboèdres plus obtus et de rhomboèdres plus aigus; chaque forme obtuse de ces séries a ses faces inclinées vers l'axe de la même manière que les arètes de la forme aiguë qui la suit immédiatement; de sorte que chaque figure est *le premier rhomboèdre aigu* de celle qui la précède, et *le premier rhomboèdre obtus* de celle qui la suit. De même que dans les quadratoctaèdres, les formes alternatives de ces séries sont des rhomboèdres de la même classe, et les formes contiguës sont de classe différente.

Le rhomboèdre principal est celui qui donne lieu le plus fréquemment à une de ces séries; aussi les premiers rhomboèdres aigus et obtus sont beaucoup plus communs que ceux qui s'éloignent davantage de la forme primitive. Dans le carbonate de chaux on rencontre souvent le premier rhomboèdre obtus, et le deuxième et troisième aigus. On a rencontré aussi le deuxième rhomboèdre obtus et le troisième rhomboèdre aigu.

Dans les combinaisons du rhomboèdre principal et du premier rhomboèdre obtus, les faces

de ce dernier viennent tronquer les arêtes terminales du premier, comme cela a lieu dans la
fig. 75, qui représente une forme de la Chabasie;
dans cette figure, *r* représente les faces du rhomboèdre principal, *r'*/2 les faces du premier rhomboèdre obtus. Les faces du rhomboèdre principal
forment des troncatures sur les angles latéraux
du premier rhomboèdre obtus, les faces de troncature sont placées symétriquement sur les arêtes
terminales du premier rhomboèdre obtus, et
coupent les faces adjacentes aux arêtes terminales suivant des arêtes qui sont parallèles à
leurs diagonales obliques. Une combinaison de
cette espèce est représentée *fig.* 74, une des
formes du Carbonate de chaux; dans cette figure
les faces des deux formes sont marquées avec
les mêmes lettres que dans la *fig.* 73. C'est de
cette même manière que se comportent le rhomboèdre principal et le premier rhomboèdre aigu,
et en général deux formes contiguës de la série.

Dans les combinaisons du rhomboèdre principal et du second rhomboèdre aigu, les faces
du dernier forment des troncatures sur les angles latéraux du premier. Les faces de troncature sont, comme dans les combinaisons du
rhomboèdre principal avec le premier rhomboèdre obtus, placées sur les arêtes extrêmes du
rhomboèdre dominant; seulement ici les faces

de troncature et les faces dominantes qui se coupent suivant des arêtes horizontales sont inclinées vers la même extrémité du cristal, comme cela a toujours lieu pour deux rhomboèdres de même classe, tandis que, dans l'autre cas, ces faces sont inclinées vers les deux extrémités opposées, comme cela a lieu pour des rhomboèdres de classes différentes. Si les faces du deuxième rhomboèdre aigu dominent, les faces du rhomboèdre principal forment des pointements à trois faces sur les deux extrémités, les faces de ces pointements reposent sur les faces du deuxième rhomboèdre aigu, comme dans la *fig.* 76, qui représente une des formes du Carbonate de chaux. Dans cette figure, 4 r désigne les faces du deuxième rhomboèdre aigu, et r désigne, comme précédemment, les faces du rhomboèdre principal.

On rencontre aussi souvent un plus grand nombre de rhomboèdres de la série associés ensemble, comme, par exemple, dans la Tourmaline de Kragero en Norwège et dans la Chabasie d'Oberstein ; la *figure* 75 représente une combinaison de cette dernière formée par les faces r de la forme primitive qui domine toujours dans la Chabasie, par les faces $r'/2$ du premier rhomboèdre obtus et par les faces 2 r' du premier rhomboèdre aigu ; les premières se présentent comme troncatures des arêtes terminales et les dernières comme troncatures des angles latéraux.

Les rapports qui existent entre les axes des rhomboèdres de la série sont très-simples; en supposant les axes secondaires égaux, les axes principaux croissent en proportion géométrique depuis les rhomboèdres obtus jusqu'aux rhomboèdres aigus : si l'on représente par 1 l'axe principal de la forme primitive, on trouve la progression

$$\ldots\ldots\ldots 1/8 : 1/4 : 1/2 : 1 : 2 : 4 : 8 : \ldots\ldots\ldots$$

On aperçoit facilement ces rapports dans la *pl.* X, *fig.* 11, où les sections principales de trois rhomboèdres consécutifs se trouvent représentées. A B C D est la section principale, et A C l'axe principal d'un de ces rhomboèdres; A D F E, la section principale, et A F, l'axe principal de son premier rhomboèdre obtus ; enfin A G H B, la section principale, et A H l'axe principal de son premier rhomboèdre aigu. A D est l'arête terminale du rhomboèdre principal et en même temps la diagonale oblique du premier rhomboèdre obtus ; A B est la diagonale oblique du rhomboèdre principal et en même temps l'arête terminale du premier rhomboèdre aigu. D'ailleurs on a :

AJ $= 2/3$ AF $= 1/3$ AC, ainsi AE $= 1/2$ AC, et AK $= 1/3$ AH $= 2/3$ AC, «   AH $= 2$ AC;

ce qui donne la proportion :

$$AF : AC : AH :: 1/2 : 1 : 2.$$

Ce que nous venons de dire des trois membres de la série qui occupent le milieu peut se dire également des autres, de sorte que les notations des membres de la série sont les suivantes :

rhomboèdre principal $(a : a : \infty\, a : c)$

1.	«	obtus	$(a' : a' : \infty\, a : 1/2\, c)$
2.	«	«	$(a : a : \infty\, a : 1/4\, c)$
3.	«	«	$(a' : a' : \infty\, a : 1/8\, c)$
	etc.	etc.	
1.	«	aigu	$(a' : a' : \infty\, a : 2\, c)$
2.	«	«	$(a : a : \infty\, a : 4\, c)$
3.	«	«	$(a' : a' : \infty\, a : 8\, c)$
	etc.	etc.	

Les rhomboèdres placés dans cette série ne sont pas les seuls qui se présentent ensemble, on en rencontre encore beaucoup d'autres, mais dont leurs axes sont toujours en rapport simple avec les axes de la forme primitive. Ainsi on rencontre des rhomboèdres dans lesquels les axes secondaires étant égaux, les axes principaux sont trois fois, cinq fois plus grands ou plus petits que ceux de la forme primitive. Ces rhomboèdres peuvent être pris eux-mêmes comme termes moyens de nouvelles séries analogues à la série du rhomboèdre principal; ainsi, par exemple, on rencontre dans le Carbonate de chaux un rhomboèdre aigu de la deuxième classe $(a' : a' : \infty\, a : 5\, c)$, ainsi que son premier rhomboèdre obtus ($a : a : \infty \, a : 5/2 \, c$) et son second rhomboèdre obtus ($a : a : \infty \, a : 5/4 \, c$); cependant ces séries sont plus rares.

Dans les rhomboèdres des séries qui ne dérivent pas de la forme primitive, il faut, toutes les fois que l'on parle du premier rhomboèdre obtus ou aigu, désigner le rhomboèdre que l'on prend pour point de départ; toutes les fois que l'on dira premier rhomboèdre aigu , premier rhomboèdre obtus sans autre distinction, il faudra toujours les rapporter à la forme primitive.

On rencontre aussi combinés ensemble des rhomboèdres de classes différentes et ayant leurs faces inclinées également vers l'axe principal. Les faces de ces rhomboèdres formeraient, si elles avaient la même grandeur, un hexagondo-décaèdre. Cependant, lors même que ces rhomboèdres seraient semblables dans leurs rapports géométriques, ils se distingueraient encore ordinairement par la grandeur de leurs faces et le reste de leur aspect physique; ils se comporteraient alors les uns par rapport aux autres comme les hémioctaèdres de droite et de gauche qui se présentent également ensemble.

On appelle *rhomboèdre inverse* d'un autre rhomboèdre celui qui est de classe différente, mais qui a les mêmes angles. Ainsi, par exemple, dans le Carbonate de chaux le rhomboèdre (a' : a' : ∞ a : c) est le rhomboèdre inverse du rhomboèdre principal. Les combinaisons de rhomboèdres dérivant d'hexagondodécaèdres de classes différentes, ne se présentent jamais, comme nous l'avons déja dit.

Parmi les combinaisons que les rhomboèdres forment avec les figures du troisième système cristallin, on ne voit jamais que les rhomboèdres combinés avec des formes qui ne peuvent terminer à elles seules le cristal, comme la face terminale droite, les deux prismes à six et à douze faces; jamais on ne rencontre de combinaisons avec des hexagondodécaèdres ou des didodécaèdres.

La face terminale droite détermine avec les différents rhomboèdres une troncature droite sur l'angle terminal. Sa figure est un triangle équilatéral. Si cette face est assez développée pour s'étendre jusqu'aux angles latéraux d'un rhomboèdre, la figure prend plus ou moins d'analogie avec le rhomboèdre; mais deux de ses faces seulement sont des triangles équilatéraux, ce sont les faces terminales droites; les autres faces qui sont celles du rhomboèdre sont des triangles isocèles. Dans la *fig.* 73, une des formes du Carbonate de chaux c désigne la face terminale droite, et r les faces du rhomboèdre principal.

Les faces du premier prisme à six faces tronquent les angles latéraux de tous les rhomboèdres de première ou de deuxième classe et coupent les faces du rhomboèdre suivant des arêtes horizontales. Si les faces de troncature n'ont que la grandeur suffisante pour se toucher, elles présentent la forme de triangles isocèles, et les faces du rhomboèdre forment des pentagones symétriques à trois espèces de côtés. Si les faces du prisme à six faces dominent, les faces du rhomboèdre forment des pointements à trois faces sur les extrémités du prisme; les faces de ces pointements reposent symétriquement sur les faces alternatives du prisme. Comme à l'extrémité inférieure du cristal se trouvent des faces parallèles à celles de l'extrémité supérieure, les faces du pointement inférieur sont placées sur les faces alternatives du prisme sur lesquelles ne reposent pas les faces du pointement supérieur (*fig.* 77, qui représente une combinaison du premier rhomboèdre obtus $r'/2$ du Carbonate de chaux avec le premier prisme à six faces g). Les faces du prisme ont, comme celles du rhomboèdre, la forme de pentagones à trois espèces de côtés. C'est de cette manière que se comportent tous les rhomboèdres avec le premier prisme à six faces; seulement les faces des rhomboèdres de la première classe reposent sur l'un des sys-

tèmes de faces verticales alternatives du prisme,
tandis que les faces des rhomboèdres de la
deuxième classe sont placées sur l'autre système
de faces verticales alternatives.

Les faces du deuxième prisme à six faces tronquent les rhomboèdres de la première et de la
deuxième classe suivant leurs arêtes latérales.
Les faces du rhomboèdre ne changent pas de
forme dans cette combinaison. Les faces du
deuxième prisme forment des rhomboïdes. Si
les faces du deuxième prisme à six faces dominent, les faces du rhomboèdre forment des pointements à trois faces sur les extrémités du prisme,
mais les faces du pointement reposent sur les
arêtes alternatives (*fig.* 78, qui représente une
combinaison du rhomboèdre principal *r* de la
Dioptase avec le deuxième prisme à six faces *a*).

Les faces des rhomboèdres de la première
classe reposent à chaque extrémité du prisme sur
un système d'arêtes alternatives, tandis que les
faces des rhomboèdres de la deuxième classe reposent sur l'autre système d'arêtes alternatives.
Les deux prismes se distinguent donc dans les
combinaisons qu'ils forment avec les rhomboèdres, en ce que dans le premier prisme les rhomboèdres de la première et de la deuxième classe
reposent sur les faces, tandis que, dans le second
prisme, ils reposent sur les arêtes.

Les faces des prismes à douze faces ne se rencontrent avec les rhomboèdres que dans des combinaisons où se trouvent aussi des prismes à six faces ; elles se comportent par conséquent dans ces combinaisons comme dans les combinaisons homoédriques du système.

2. *Hémididodécaèdre* ou *scalénoèdre* [1].

Fig. 79. Carbonate de chaux. Ces formes ont douze faces, dix-huit arêtes, et huit angles.

Les faces sont des triangles scalènes.

Les arêtes sont de trois espèces : six arêtes terminales plus courtes et plus aiguës X, qui correspondent aux arêtes terminales d'un des rhomboèdres ; six arêtes terminales plus longues et plus obtuses Y, qui correspondent aux arêtes terminales d'un rhomboèdre d'une autre classe que le premier ; les arêtes terminales plus longues et plus obtuses de l'extrémité supérieure viennent rencontrer les arêtes plus courtes et plus aiguës de l'extrémité inférieure ; enfin six arêtes latérales Z, qui, de même que les arêtes latérales d'un rhomboèdre, ne sont pas placées dans un même plan, mais montent et descendent en zigzag.

[1] Le nom de scalénoèdre a été donné à ces formes à cause de la figure de leurs faces ; nous l'emploierons par la suite à cause de sa brièveté.

Les angles sont de deux espèces, deux angles terminaux C à six faces et symétriques l'un de l'autre, et six angles latéraux E à quatre faces, mais irréguliers, et parmi lesquels trois angles alternatifs sont plus rapprochés de l'extrémité supérieure, et les trois autres le sont davantage de l'extrémité inférieure, de même que cela a lieu dans les angles latéraux du rhomboèdre.

L'axe principal joint les angles terminaux, les axes secondaires joignent les milieux des arêtes latérales opposées.

La section faite par les angles latéraux supérieurs ou par les angles latéraux inférieurs est un hexagone symétrique représenté *pl.* X, *fig.* 6; cet hexagone a des angles alternatifs plus aigus A, et des angles alternatifs E plus obtus. La section passant par les milieux des arêtes latérales est un dodécagone symétrique.

La section faite par deux arêtes terminales parallèles est un rhomboïde, *fig.* 9, *pl.* X. A E et A' E' sont les arêtes terminales les plus longues, A E' et A' E sont les arêtes terminales les plus courtes; cette section est la section principale du scalénoèdre.

Les scalénoèdres sont les faces hémiédriques à faces parallèles des didodécaèdres, et dérivent de ces formes, lorsque l'on prolonge jusqu'à leur rencontre les couples de faces adjacentes au second système d'arêtes terminales alternatives F, *fig.* 69. Les deux scalénoèdres qui dérivent de chaque didodécaèdre ont l'un par rapport à l'autre la même position que les deux rhomboèdres qui dérivent d'un même hexagondodécaèdre ; le premier se déduit du deuxième en faisant tourner celui-ci de 60° autour de son axe principal.

La notation est affectée du coefficient $1/2$ comme celle des didodécaèdres, elle est :

$$1/2 \, (a : na : pa : mc) \text{ et}$$
$$1/2 \, (a' : na' : pa' : mc).$$

Les scalénoèdres ne se présentent pas comme les rhomboèdres combinés avec les didodécaèdres et les hexagondodécaèdres, de sorte que l'on pourra très-souvent supprimer la fraction $1/2$ sans avoir à craindre de méprise.

Comme les arêtes latérales et les deux espèces d'arêtes terminales d'un scalénoèdre ont les mêmes positions que les arêtes latérales d'un rhomboèdre et les arêtes terminales de deux autres rhomboèdres, chaque scalénoèdre détermine à la fois trois rhomboèdres différents qui ont avec lui une dépendance immédiate, et qui aussi se présentent très-souvent combinés avec lui. Par la suite, toutes les fois qu'un rhomboèdre et un scalénoèdre auront leurs arêtes latérales dans la même position, on dira que le

rhomboèdre est le *rhomboèdre des arêtes latérales* du scalénoèdre, et que le scalénoèdre est
le *scalénoèdre des arêtes latérales* du rhomboèdre.
C'est dans le même sens qu'il faudra interpréter
les noms de *scalénoèdre des arêtes terminales*
d'un rhomboèdre ou *rhomboèdre des arêtes terminales* d'un scalénoèdre. Selon que les arêtes
terminales du rhomboèdre auront la même position que les arêtes terminales aiguës ou celles
des arêtes terminales obtuses du scalénoèdre, on
donnera au rhomboèdre le nom de *rhomboèdre
des arêtes terminales aiguës* ou de *rhomboèdre
des arêtes terminales obtuses* du scalénoèdre.

Le rhomboèdre des arêtes latérales d'un scalénoèdre qui a ses arêtes latérales de la même
longueur que ce scalénoèdre, a nécessairement
un axe principal plus petit, mais toujours cet
axe principal est en rapport simple avec celui
du scalénoèdre.

Dans un même genre minéral il se trouve souvent plusieurs scalénoèdres qui ont le même
rhomboèdre des arêtes latérales et des axes principaux différents. Ainsi, par exemple, le Carbonate de chaux présente plusieurs scalénoèdres
qui ont pour rhomboèdre des faces latérales le
rhomboèdre principal. Si l'on prend l'axe principal de cette figure pour unité, on trouve que
les axes principaux des différents scalénoèdres

ayant les arêtes latérales égales à celles du rhomboèdre, sont exprimés par les nombres 2, 3, 5, 7, 9, etc. Le deuxième scalénoèdre est celui qui se présente le plus fréquemment. Sa notation est (a : 1/2 a : 1/3 a : c). La *fig.* 9, *pl.* X, représente sa section principale A E A' E' avec la section principale C E C' E' du rhomboèdre principal, qui est son rhomboèdre des arêtes latérales.

Les rhomboèdres des arêtes terminales aiguës ou obtuses d'un scalénoèdre ont, en supposant les axes principaux égaux, une projection horizontale plus petite. On voit très-bien cela dans la *fig.* 10, *pl.* X, dans laquelle A E A' E' représente la même section principale que dans la *fig.* 9; A D A' D' représente une section principale du rhomboèdre des arêtes terminales obtuses, A F A' F' une section principale du rhomboèdre des arêtes terminales aiguës. Le rhomboèdre des arêtes latérales d'un scalénoèdre est de même classe que le rhomboèdre des arêtes terminales aiguës de ce scalénoèdre, mais de classe différente que le rhomboèdre de ses arêtes terminales obtuses. On reconnaît aussi cela très-bien sur la figure, car les lignes C E et A F sont les diagonales obliques des rhomboèdres des arêtes latérales et des arêtes terminales aiguës, A D' est la diagonale oblique du rhomboèdre des arêtes terminales obtuses, les premières reposent sur le même côté de l'extrêmité supérieure de l'axe principal, la dernière repose sur les côtés opposés; de sorte que les rhomboèdres qui appartiennent aux premières sont de la même classe, et le rhomboèdre qui appartient à la dernière est d'une classe différente. Dans le scalénoèdre $(a : 1/2\, a : 1/3\, a : c)$ du Carbonate de chaux, dont nous avons parlé plus haut et dont la section est représentée *fig.* 10, *pl.* X, le rhomboèdre des arètes terminales aiguës est celui dont la notation est $(a : a : \infty\, a : 4\, c)$, c'est-à-dire le deuxième rhomboèdre aigu du rhomboèdre principal; le rhomboèdre des arètes terminales obtuses est celui dont la notation est $(a' : a' : \infty\, a : 5\, c)$.

Comme les deux espèces d'arètes terminales du scalénoèdre correspondent aux arètes terminales de deux rhomboèdres possibles dans le même genre minéral, elles ne peuvent différer sous le rapport de leur inclinaison, par rapport à l'axe principal, que de la quantité dont diffèrent les arètes terminales de deux rhomboèdres de classes différentes et qui se combinent ensemble. Mais comme deux rhomboèdres ayant leurs angles égaux, c'est-à-dire deux rhomboèdres inverses, peuvent se combiner ensemble, il peut représenter aussi des scalénoèdres, dans lesquels toutes les arètes latérales se trouvent situées dans un même plan. Un scalénoèdre de cette espèce a tout-à-fait l'apparence d'un hexagondodécaèdre, et il sera impossible de le distinguer de celui-ci (à moins que ce ne soit par le clivage), lorsqu'il se présentera isolé. Il se distinguera au contraire très-bien de l'hexagondodécaèdre dans ses combinaisons où il doit se comporter tout autrement que cette dernière forme.

Combinaisons du scalénoèdre.

Les scalénoèdres se combinent avec d'autres scalénoèdres, avec des rhomboèdres et avec toutes les formes qui se combinent avec les rhomboèdres. Les hexagondodécaèdres et les didodécaèdres ne peuvent pas plus se combiner avec les scalénoèdres qu'avec les rhomboèdres.

Scalénoèdre et rhomboèdre.

Les scalénoèdres forment un grand nombre de combinaisons différentes avec les rhomboèdres. Les combinaisons les plus fréquentes sont celles qu'ils forment avec les trois rhomboèdres qui leur appartiennent, et surtout avec le rhomboèdre des arêtes latérales. Ce sont ces combinaisons que nous considérerons ici ; on pourra d'après cela facilement juger la manière dont les scalénoèdres doivent se comporter avec les autres rhomboèdres.

Dans la combinaison d'un scalénoèdre avec son rhomboèdre des arêtes latérales, lorsque les faces de cette dernière forme dominent, les faces du scalénoèdre forment des biseaux sur les arêtes latérales, et les faces du rhomboèdre forment des pointements à trois faces sur les extrémités du scalénoèdre, les faces de ces pointements sont placées symétriquement sur les arêtes les plus longues, et les arêtes de combinaison se trouvent parallèles aux arêtes latérales du rhomboèdre. C'est ce que l'on voit dans la *figure* 81, qui représente une combinaison du scalénoèdre $(a : 1/2\ a : 1/3\ a : c)$, avec le rhomboèdre principal du Carbonate de chaux.

Dans les combinaisons du scalénoèdre avec les rhomboèdres des arêtes terminales, les faces du scalénoèdre forment des biseaux sur les arêtes terminales du rhomboèdre, comme dans la *fig.* 80, qui représente une combinaison du scalénoèdre $(a : 1/2\ a : 1/3\ a : c)$ du Carbonate de chaux avec le rhomboèdre de ses arêtes terminales aiguës $(a : a : \infty\ a : 4\ c)$. On voit facilement que les premiers rhomboèdres obtus, parmi les rhomboèdres des arêtes terminales, se présentent dans leurs combinaisons avec le scalénoèdre comme des faces de troncature des arêtes terminales obtuses ou aiguës. C'est ainsi que, dans le Carbonate de chaux, les arêtes terminales aiguës du scalénoèdre ($a : 1/2\, a : 1/3\, a : c$) sont souvent tronquées par les faces du premier rhomboèdre aigu ($a' : a' : \infty\, a : 2\, c$).

Scalénoèdre et prisme à six faces.

. Dans les combinaisons du scalénoèdre avec le premier prisme à six faces, les faces du prisme tronquent les angles latéraux du scalénoèdre. Si les faces de troncature n'ont que l'étendue nécessaire pour se toucher en un point, elles ont la forme de trapèzes symétriques comme les faces de l'icositétraèdre, et ont alors alternativement leurs angles obtus et aigus tournés en haut comme dans la *figure* 82, qui représente une combinaison du Carbonate de chaux, savoir, celle du scalénoèdre ($a : 1/2\, a : 1/3\, a : c$) et du premier prisme à six faces, en supprimant toutefois les faces marquées 2 x. Si les faces du premier prisme à six faces sont assez grandes pour se couper suivant des arêtes, elles prennent la figure des hexagones symétriques.

Les faces du deuxième prisme à six faces se présentent comme des faces de troncature des arêtes latérales du scalénoèdre.

Scalénoèdres entre eux.

Les scalénoèdres forment entre eux les combinaisons les plus variées. Nous ne donnerons que les principales de ces combinaisons; elles serviront à éclaircir les autres. Les combinaisons que nous avons choisies se trouvent toutes dans le Carbonate de chaux.

La *fig*. 83 représente une combinaison du rhomboèdre principal r avec deux de ses scalénoèdres des arêtes latérales 3 z et 5 z. Ces formes se coupent suivant des arêtes parallèles aux arêtes terminales et latérales du rhomboèdre. Le premier scalénoèdre est le scalénoèdre ($a : 1/2\,a : 1/3\,a : c$), celui qui se présente le plus fréquemment dans le Carbonate de chaux; le second est le scalénoèdre ($1/2\ a : 1/5\ a : 1/3\ a : c$). Outre les faces de ces deux formes, il y a encore les faces 4 r d'un rhomboèdre de même classe que le rhomboèdre principal, et qui est le premier rhomboèdre obtus du rhomboèdre des arêtes terminales obtuses de 5 z; ces faces tronquent les arêtes terminales obtuses de 5 z. Ce rhomboèdre est aussi le rhomboèdre des arêtes terminales aiguës de 3 z, dont les faces forment avec 3 z des arêtes parallèles aux arêtes terminales aiguës de cette dernière figure. Le rhomboèdre est donc celui représenté déjà dans la figure 80, et a pour notation ($a : a : \infty\, a : c$); g sont les faces du premier prisme, de sorte que les formes contenues dans la combinaison dont nous parlons sont celles-ci:

10.

$$r = (a : a : \infty\, a : c)$$
$$4\,r = (a : a : \infty\, a : 4\,c)$$
$$g = (a : a : \infty\, a : \infty\, c)$$
$$3\,z = (a : 1/3\,a : 1/2\,a : c)$$
$$5\,z = (1/2\,a : 1/5\,a : 1/3\,a : c)$$

La *fig.* 84 représente une combinaison de deux scalénoèdres 3 z et 1/2 avec leurs rhomboèdres des arêtes latérales respectifs r et 2 r′, dont le premier est le rhomboèdre principal, et le second son premier rhomboèdre aigu. Les arêtes de ces deux rhomboèdres sont parallèles aux diagonales obliques de r, les arêtes de combinaison des formes 3 z et r sont parallèles aux arêtes terminales de r, et les arêtes de combinaison des formes 1/2 et 2 r′ sont parallèles aux arêtes de combinaison de 2 r′, et r, ou aux arêtes terminales de 2 r′. Le scalénoèdre 3 z est celui qui représente le plus communément celui qui a pour notation (a : 1/2 a : 1/3 a : c); les faces 2 r′, qui sont les faces du premier rhomboèdre obtus de 4 r, se présentent comme troncatures des arêtes terminales aiguës de 3 z. Le scalénoèdre 1/2 a la notation (a′ : 1/4 a′ : 1/3 a′ : c); le rhomboèdre de ses arêtes terminales aiguës est le même que le rhomboèdre des arêtes terminales obtuses de 3 z, ce qui fait que, dans les combinaisons dont nous nous occupons, les faces de cette dernière figure se présentent comme

faces de troncature des arêtes terminales aiguës
de 1/2. Les formes qui se trouvent dans la combinaison sont donc les suivantes :

$$r = (a : a : \infty\, a : c)$$
$$2\, r' = (a' : a' : \infty\, a : 2\, c)$$
$$3\, z = (a : 1/3\, a : 1/2\, a : c)$$
$$1/2 = (a' : 1/4\, a' : 1/3\, a' : c)$$

La *figure* 82 représente la combinaison dont
nous avons déja parlé, du scalénoèdre 3 z avec le
premier prisme g et les faces 2 x du scalénoèdre
$(a : 1/3\, a : 1/2\, a : 1/4\, c)$. Le rhomboèdre de ses
arêtes terminales aiguës est le rhomboèdre principal, de sorte que, comme 3 z est un rhomboèdre des arêtes latérales du rhomboèdre principal, si les faces de ce dernier entraient dans
la combinaison, elles se présenteraient comme
troncature des angles de combinaison de 2 x et
de 3 z, et formeraient avec les faces de ces figures des arêtes parallèles aux arêtes terminales
de r ou aux arêtes terminales aiguës de 2 x.
Les scalénoèdres 3 z et 2 x ont dans leurs notations les mêmes valeurs pour leurs axes secondaires, ce qui fait que les arêtes de combinaison de 2 x et de 3 z sont horizontales. Les formes
contenues dans la combinaison sont les suivantes:

$$3\, z = (a : 1/3\, a : 1/2\, a : c)$$
$$2\, x = (a : 1/3\, a : 1/2\, a : 1/4\, c)$$
$$g = (a : a : \infty\, a : \infty\, c)$$

Les rhomboèdres et scalénoèdres sont les formes hémiédriques à faces parallèles du troisième système cristallin ; on rencontre en outre des formes hémiédriques à faces inclinées, mais ces formes sont trop rares et trop secondaires pour que nous nous en occupions ici. Les formes à faces parallèles du troisième système cristallin méritent d'être étudiées d'une manière toute particulière, parce qu'elles se présentent très-fréquemment et très-bien déterminées, soit isolément, soit en combinaison, plus fréquemment même que les formes homoédriques de ce système ; elles sont par conséquent plus importantes que celles-ci. Quoique les formes hémiédriques n'aient pas de faces qui ne se présentent aussi dans les formes homoédriques, elles donnent cependant, par le grand développement de certaines de leurs faces, des zones qui sont ou entièrement nouvelles, ou qui n'avaient que très-peu d'importance dans les formes homoédriques, et qui par conséquent doivent être considérées ici d'une manière particulière.

ZONES DES FORMES HÉMIÉDRIQUES
DU TROISIÈME SYSTÈME CRISTALLIN.

I. *Zone horizontale.*

Dans cette zone sont placées les mêmes faces que dans la zone horizontale des formes homoédriques.

II. *Zone verticale du premier prisme à six faces.*
Cette face comprend les faces:
1. Du premier prisme à six faces;
2. Du rhomboèdre de la première classe;
3. La face terminale droite;
4. Les faces des rhomboèdres de la deuxième classe.

III. *Zone verticale du deuxième prisme à six faces.*

Dans cette zone sont situées les faces :
1. Du deuxième prisme à six faces ,
2. Du scalénoèdre à arêtes terminales égales ;
3. La face terminale droite.

IV. *Zone verticale du prisme à douze faces.*

Dans les zones d'un prisme à douze faces dé-terminé sont situées les faces :
1. De ce prisme à douze faces ,
2. Du scalénoèdre qui a ses axes secondaires dans le même rapport que ce prisme à douze faces ;
3. La face terminale droite.

V. *Zones des arêtes des rhomboèdres.*

Les zones d'arêtes de chaque rhomboèdre contiennent les faces :
1. De son premier rhomboèdre obtus ,

2. De son scalénoèdre des arêtes terminales,

3. Ses propres faces ;

4. Les faces de ses scalénoèdres des arêtes latérales ;

5. Les faces du deuxième prisme à six faces.

Dans les zones d'arètes des rhomboèdres de la première et de la seconde classe, sont situées les faces des mêmes formes. Les zones des diagonales (c'est-à-dire des diagonales obliques) des rhomboèdres, ne sont pas de nouvelles zones, ce sont les mêmes que les zones d'arêtes du premier rhomboèdre aigu de ces rhomboèdres.

IV.

QUATRIÈME SYSTÈME CRISTALLIN.

Les formes qui appartiennent à ce système se distinguent par trois axes perpendiculaires entre eux, mais tous inégaux. Aucun de ces axes ne se distingue des autres sous le rapport géométrique, de sorte que le choix de l'axe principal est tout à fait arbitraire; seulement il faut conserver, pour l'examen de tous les cristaux d'un même genre minéral, l'axe que l'on a choisi pour axe principal dans l'un de ces cristaux et la position déterminée qui en est résultée pour le cristal. Souvent certaines formes qui dominent dans les combinaisons, d'autres fois la manière dont le cristal est implanté dans la roche, déterminent un axe que l'on prend ordinairement pour axe principal; quant aux deux autres axes, qui deviennent les axes secondaires, on leur donne la même position qu'aux axes secondaires du deuxième système cristallin; l'axe secondaire antérieur s'appelle le *premier axe secondaire*, et l'autre axe, le *second axe secondaire*. Le premier est marqué par a; le second par b; et l'axe principal par c.

A. Formes homoédriques.

Les formes homoédriques de ce système cristallin se divisent en trois classes, selon que les faces du cristal sont inclinées vers les trois axes ou qu'elles ne sont inclinées que vers deux axes et parallèles au troisième, ou enfin qu'elles ne sont inclinées que vers un seul axe et parallèles aux deux autres. Les formes de la première classe sont les seules qui soient complétement fermées, les autres ne le sont pas; en effet, les trois axes étant différents, il n'est pas nécessaire que des faces parallèles à un axe ou à un système de deux axes se retrouvent disposées de la même manière par rapport aux autres axes ou par rapport aux systèmes de deux axes, comme cela est nécessaire dans le système cristallin régulier, où il ne peut pas se présenter de formes qui ne terminent pas à elles seules entièrement le cristal.

I. *Formes dont les faces sont inclinées à la fois vers les trois axes.*

Ces formes se réduisent aux *rhomboctaèdres* (*fig.* 85. Soufre). Elles ont huit faces, douze arêtes et six angles.

Les faces sont des triangles scalènes.

Les arêtes sont de trois espèces : quatre arêtes terminales D, qui joignent les extrémités de l'axe principal et du premier axe secondaire ; quatre arêtes terminales F, qui joignent les extrémités de l'axe principal et du second axe secondaire ; et quatre arêtes latérales G, qui joignent les extrémités des axes secondaires. Les arêtes terminales D seront nommées *premières arêtes terminales*, et les arêtes terminales E *secondes arêtes terminales*.

Les angles sont de trois espèces, tous sont à quatre faces et symétriques : deux angles terminaux C aux extrémités de l'axe principal, deux angles latéraux A aux extrémités du premier axe secondaire, et deux angles latéraux B aux extrémités du deuxième axe secondaire. Les angles latéraux A seront appelés *premiers angles latéraux*, et les angles B *seconds angles latéraux*.

Les sections faites par les premières et les secondes arêtes terminales sont des rhombes. Il en est de même des sections faites par les arêtes latérales.

Ces rhomboctaèdres peuvent se présenter en très-grand nombre dans les différents cristaux d'un même genre minéral. Leurs axes sont tous différents entre eux, mais l'observation montre que les axes correspondants sont toujours dans des rapports rationnels et simples. Pour établir ces rapports, on part d'une certaine forme déterminée que l'on prend pour forme primitive ou pour octaèdre principal ; dans le choix de cette forme primitive on doit se guider d'après les mêmes raisons que dans le choix de la forme primitive du deuxième système cristallin.

La notation de la forme primitive est :

$$(a : b : c).$$

Les autres octaèdres auront : les axes a et b égaux et l'axe c inégal ;
ou bien les axes a et c égaux et l'axe b inégal ;
ou bien les axes b et c égaux et l'axe a inégal ;
ou bien l'axe c égal et les axes a et b inégaux.

Les notations de ces rhomboctaèdres sont :

$$(a : b : m\,c)$$
$$(a : m\,b : c)$$
$$(m\,a : b : c)$$
$$(m\,a : n\,b : c)$$

m et n présentant des nombres rationnels et simples, tantôt plus grands, tantôt plus petits que 1. Il ne peut pas exister d'octaèdre de la seconde classe comme dans le second système cristallin, car les arêtes terminales des rhomboctaèdres sont différentes, et par conséquent les faces qui forment ces arêtes sont dissemblables. Comme il peut exister des rhomboctaèdres qui diffèrent pour tous leurs axes de la forme primitive, le nombre des rhomboctaèdres qui peuvent se présenter dans un même genre minéral est encore plus grand que celui des quadratoctaèdres; néanmoins le nombre des rhomboctaèdres qui se présentent dans la nature est très-borné.

La forme primitive doit être tellement placée que son plus petit axe secondaire soit le premier axe secondaire, et que son plus grand axe secondaire soit le second axe secondaire. Alors les premières arêtes terminales et les premiers angles latéraux sont les plus obtus, et les secondes arêtes terminales et les seconds angles latéraux sont les plus aigus; mais dans les rhomboctaèdres dérivés de la forme primitive, ce sont tantôt les premiers angles latéraux et les premières arêtes terminales qui sont les plus aigus, tantôt ce sont les seconds angles latéraux et les secondes arêtes terminales.

Les faces des rhomboctaèdres qui ont les mêmes rapports entre leurs axes secondaires que la forme primitive déterminent, dans leurs combinaisons avec cette forme primitive, des biseaux sur les arêtes latérales de la forme primitive, toutes les fois que l'axe vertical du rhomboctaèdre est plus grand que celui de la forme primitive. Elles forment, au contraire, des pointements sur les angles terminaux de la forme primitive, quand leur axe vertical est plus petit que celui de la forme primitive. Les faces de ces pointements reposent sur les faces de la forme primitive, de la même manière que les faces o/3 sont disposées dans le quadratoctaèdre de l'Anatase, *fig.* 57, ou les faces o/3 dans le rhomboctaèdre *o* du Soufre, *fig.* 86, quand on considère la figure des faces *c* et *f*; dans cette dernière combinaison, *o* est la forme primitive, o/3 le rhomboctaèdre obtus ($a : b : 1/3\ c$).

C'est de la même manière, mais sur les autres arêtes et angles de la forme primitive, que se présentent les rhomboctaèdres qui ont les axes *a* ou *b* différents; et les faces des rhomboctaèdres qui ont un axe seulement égal à celui correspondant dans la forme primitive, et les deux autres inégaux, coupent la forme primitive suivant des arêtes obliques qui ne sont parallèles à aucune des arêtes de la forme primitive.

Les axes des formes primitives des différents genres minéraux appartenant au quatrième système cristallin ne sont pas entre eux dans des rapports rationnels et simples; de sorte que ces formes ne peuvent pas entrer en combinaison.

On n'a pas jusqu'à présent trouvé de loi bien déterminée qui réglât les rapports dans lesquels se trouvent les axes d'un même rhomboctaèdre.

Les grandeurs de ces axes doivent être déterminées dans chaque cristal d'après la mesure des angles formés par les arêtes; et dans chaque cas il faudra mesurer deux angles formés par les arêtes, à cause des trois espèces d'arêtes différentes qui se trouvent dans le rhomboctaèdre. Pour simplifier, on peut représenter par 1 un des axes, celui par exemple qui a été pris pour second axe secondaire. C'est de cette manière que l'on a trouvé pour les axes de la forme primitive du Soufre les valeurs suivantes :

$$a : b : c = 0{,}8108 : 1 : 1{,}9043.$$

On déduit de là les valeurs suivantes :
Inclinaison des faces qui forment les arêtes
terminales. D = 106°, 16′
«   les arêtes terminales F = 84°, 56′
«   les arêtes latérales   G = 143°, 24′.

Il résulte de l'inégalité des trois axes qui forme le caractère distinctif du quatrième système cristallin, que les rhomboctaèdres sont les seules formes de ce système qui soient complétement fermées. Chaque face qui coupe les trois axes se trouve, à cause de l'inégalité de ces axes, différemment inclinée sur chacun d'eux; mais ces différences, quelles qu'elles soient, ne déterminent pas de nouvelles formes. Il n'en est pas de même des formes qui ne terminent pas à elles seules le cristal ; aussi sont-elles beaucoup plus variées.

II. *Formes dont les faces sont inclinées vers deux axes et parallèles au troisième.*

Ce sont des prismes obliques à quatre faces, dont les faces sont dirigées suivant les trois espèces d'arêtes des différents rhomboctaèdres, et dont la section droite coïncide avec la section faite par les trois espèces d'arêtes du rhomboctaèdre. On divise ces prismes à trois classes selon que leurs faces sont parallèles à l'un ou à l'autre des trois axes, savoir :

1. Prisme vertical à quatre faces dont les faces sont parallèles à l'axe regardé comme principal ;

2. Prisme horizontal à quatre faces dont les faces sont parallèles au deuxième axe secondaire ;

3. Prisme horizontal à quatre faces dont les faces sont parallèles au premier axe secondaire.

Dans chacune de ces classes il peut se présenter un grand nombre de prismes différents ; il y en a autant de possibles qu'il y a d'arêtes différentes dans les rhomboctaèdres.

1. *Prismes à quatre faces verticaux.*

Ils ont beaucoup de rapports avec les rhomboctaèdres ($a : mb : nc$), avec lesquels ils ont les

mêmes axes secondaires ; on les distingue en désignant les rhomboctaèdres auxquels ils se rapportent.

Leur notation générale est :

$$(a : mb : \infty\, c),$$

La notation du prisme vertical de la forme primitive est :

$$(a : b : \infty\, c).$$

Les arêtes des prismes qui aboutissent aux extrémités du premier axe secondaire prennent
le nom de *premières arétes latérales*, et les arêtes
qui aboutissent aux extrémités du second axe
secondaire celui de *secondes arétes latérales*. Dans
la forme primitive, les premières arêtes latérales
sont les arêtes obtuses, et les secondes arêtes latérales, les arêtes aiguës. Dans les autres prismes
verticaux, ce sont tantôt les premières, tantôt
les secondes arêtes latérales qui sont les arêtes
obtuses ou aiguës.

Lorsque les prismes verticaux se combinent
avec les rhomboctaèdres qui ont les mêmes axes
secondaires et que ces dernières formes dominent, les faces des prismes forment des troncatures sur les arêtes latérales des rhomboctaèdres;
quand les prismes dominent, les faces des rhomboctaèdres forment des pointements à quatre
faces, dont les faces reposent symétriquement
sur les faces des prismes et se comportent comme

les faces d'un quadratoctaèdre par rapport à un premier prisme rectangulaire, *fig.* 61, ou *fig.* 87, qui représente une combinaison de la Topaze du Brésil. Les faces de la forme primitive o se comportent de cette manière, par rapport aux faces du prisme vertical primitif g, quand on supprime dans la combinaison les faces $g/2$.

Des prismes verticaux et des rhomboctaèdres qui ont leurs axes secondaires de longueur inégale se coupent suivant des arètes obliques.

Un prisme ($a : mb : \infty c$) qui se trouve subordonné dans une combinaison avec la forme primitive, forme des biseaux sur les angles latéraux obtus ou aigus, suivant que m est plus grand ou plus petit que 1; les faces de ces biseaux reposent symétriquement sur les arètes latérales.

Si, au contraire, les faces du prisme dominent, alors les faces de la forme primitive déterminent un pointement à quatre faces, dont les faces reposent obliquement sur les faces du prisme : c'est de cette manière que se comportent dans la combinaison de la Topaze, *fig.* 87, que nous avons citée plus haut, les faces o et $g/2$, dont les dernières sont les faces du prisme vertical ($a : 1/2\, b : \infty c$), ou les faces o et $g/2$ dans la combinaison de la Liévrite de Ulefoss en Norwége (*fig.* 88), les mêmes lettres se rapportant aux mêmes formes que dans la Topaze.

Les prismes verticaux $(a : mb : \infty\, c)$, dans leurs combinaisons avec le prisme vertical primitif $(a : b : \infty\, c)$, forment des biseaux sur les arêtes latérales obtuses ou aiguës, selon que m est plus grand ou plus petit que 1. C'est de cette manière que, dans la combinaison de la Topaze, *fig.* 87, les faces $g/2$ forment des biseaux sur les arêtes latérales aiguës du prisme vertical primitif g. Cette combinaison a par conséquent huit arêtes latérales de trois espèces : deux qui sont les arêtes latérales obtuses du prisme primitif; deux qui sont les arêtes des biseaux placés sur les arêtes aiguës du prisme vertical primitif; et quatre arêtes de combinaison placées entre les précédentes. Les premières sont dans la Topaze des arêtes de 124°, 19′; les secondes, de 92°, 59′; les troisièmes, de 161°, 21′.

2. *Prismes horizontaux, dont les faces sont parallèles au second axe secondaire.*

On pourrait, pour les distinguer des prismes dont nous parlerons tout à l'heure, appeler ces prismes *premiers prismes horizontaux.*

Ils ont beaucoup de rapports avec les rhomb-octaèdres $(a : nb : mc)$, avec lesquels ils ont les axes a et c égaux. Leur notation générale est :

$$(a : \infty\, b : mc);$$

celle du premier prisme horizontal de la forme primitive est :
$$(a : \infty\, b : c).$$

Les premiers prismes horizontaux forment, dans leurs combinaisons avec les rhomboctaèdres qui ont les mêmes axes a et c, des troncatures sur les premières arêtes terminales; c'est ce qui arrive dans une combinaison de la Liévrite, *fig.* 88, dans laquelle les faces d forment, lorsque leur axe c est plus court que celui du rhomboctaèdre, l'axe a étant égal, des biseaux sur les angles terminaux du rhomboctaèdre, et elles forment des biseaux sur les premiers angles latéraux lorsque leur axe c est plus long; dans les deux cas, les faces des biseaux reposent symétriquement sur les premières arêtes terminales.

3. *Prismes horizontaux dont les faces sont parallèles au premier axe secondaire , ou seconds prismes horizontaux.*

Ils ont des rapports immédiats avec les rhomboctaèdres $(m\,a : n\,b : c)$, qui ont les mêmes axes b et c. Leur notation générale est,
$$(\infty\, a : m\, b : c);$$
et celle du second prisme horizontal de la forme primitive,
$$(\infty\, a : b : c).$$

Ils se comportent par rapport aux deuxièmes

arêtes terminales du rhomboctaèdre, comme les premiers prismes horizontaux se comportent par rapport aux premières. C'est ainsi que dans la combinaison du Soufre, *fig.* 86, les faces *f* du deuxième prisme horizontal primitif se présentent comme troncatures des deuxièmes arêtes terminales aiguës de la forme primitive *o*.

Le prisme vertical, et les deux prismes horizontaux qui appartiennent au même octaèdre, et dont les faces correspondent, par conséquent, par leur position, aux arêtes de cette dernière figure, s'appellent *les trois prismes dérivés* de l'octaèdre.

Les prismes verticaux et horizontaux forment aussi très-souvent des combinaisons sans les rhomboctaèdres. Les premiers prismes horizontaux forment, avec le prisme vertical primitif ou avec les autres prismes verticaux, des biseaux sur l'extrémité de ces prismes; les faces de ces biseaux reposent symétriquement sur les premières arêtes latérales. Les seconds prismes verticaux forment aussi sur les extrémités des autres prismes des biseaux dont les faces reposent symétriquement sur les deuxièmes arêtes latérales. Très-souvent il arrive que plusieurs biseaux se présentent à la fois dans le même cristal, ils sont alors placés les uns au-dessus des autres. La *figure* 89 représente une combinaison de cette espèce qui se trouve dans le Mispickel; *g* représente les faces du prisme vertical primitif $(a:b:\infty\, c)$, f les faces du second prisme horizontal de la forme primitive $(\infty\, a:b:c)$, et $2f$ les faces d'un prisme horizontal aigu $(\infty\, a:b:2\,c)$; ces dernières faces se présentent comme faces de troncature des angles de combinaison des faces f et g.

Dans les combinaisons des différents prismes, ce sont tantôt les uns, tantôt les autres qui dominent. La *fig.* 94 représente une combinaison très-commune dans le Sulfate de Baryte, qui, abstraction faite des faces c, se compose des faces d'un premier prisme horizontal $d/2 = (a:\infty\, b:1/2\,c)$, et des faces du prisme vertical primitif $g = (a:b:\infty\, c)$, les faces du premier étant dominantes. Les angles dièdres obtus du prisme horizontal sont de $102^\circ, 17'$; les angles dièdres aigus, de $77^\circ, 43'$; ces derniers sont placés sur les premiers axes secondaires, de telle sorte que les faces du prisme vertical forment des biseaux sur les extrémités du prisme horizontal; les faces de ces biseaux reposent symétriquement sur les arêtes latérales aiguës de ce prisme horizontal. On rencontre aussi très-souvent dans le Sulfate de Baryte des combinaisons du même premier prisme horizontal avec le deuxième prisme horizontal primitif $(a:\infty\, b:c)$, et dans ces combinaisons ce sont tantôt les faces de la première forme, tantôt celles de la seconde qui dominent. Des combinaisons de cette espèce sont représentées *fig.* 91 et 91 *a*; dans la première figure, ce sont les faces *f* du second prisme horizontal qui dominent; dans la seconde figure, ce sont les faces *d*/2 du premier prisme horizontal. Dans ces sortes de combinaisons, on ne peut assigner quels sont les prismes verticaux, et quels sont les prismes horizontaux, à moins que ces prismes ne soient combinés avec d'autres formes du genre minéral. Quand ces prismes se présentent isolés, on peut les regarder indifféremment comme prismes horizontaux ou comme prismes verticaux.

Quelquefois les faces de deux prismes de classes différentes sont tellement disposées dans la combinaison, qu'aucun de ces prismes ne domine. C'est ce qui arriverait dans la *fig.* 94, si les faces *g* des deux extrémités du premier prisme horizontal *d*/2 se rapprochaient assez pour se réunir en un même point, et faire disparaître les arêtes latérales aiguës du prisme *d*/2; cela arriverait encore dans la *fig.* 91, si les faces *c* étant enlevées, les faces *d*/2, qui se trouvent aux deux extrémités du second prisme horizontal *f*, se rapprochaient assez pour faire disparaître l'arête aiguë tronquée par la face *c*, et pour faire réunir en un même point les faces *d*/2 des deux extrémités différentes. La combinaison qui résulterait de là ressemble assez à l'octaèdre régulier, ou à un quadratoctaèdre dont la base serait placée verticalement pour la combinaison d'un prisme horizontal et d'un prisme vertical, comme dans la *fig.* 94 (sans les faces *c*), et horizontalement, pour les combinaisons de deux prismes horizontaux, comme dans la *fig.* 91 (sans les faces *c*). Cependant on peut toujours reconnaître ces sortes de combinaisons, parce que leurs bases sont des rectangles, et non pas des quarrés comme dans les formes dont nous venons de parler, et parce que les angles des arêtes à la base sont inégaux, tandis que dans ces formes ces angles sont égaux.

Lorsque les faces des trois prismes dérivés d'un même octaèdre se trouvent également développées comme dans les combinaisons des deux prismes semblables au quadratoctaèdre, alors la combinaison offre beaucoup de ressemblance avec le dodécaèdre du système cristallin régulier; elle est terminée comme cette dernière forme par douze rhombes, et ne se distingue du dodécaèdre régulier qu'en ce que les faces et par suite les arêtes, sont de trois espèces; tandis que, dans le dodécaèdre régulier, les faces et les arêtes sont toutes égales. Cependant les combinaisons des trois prismes ne se présentent pas ordinairement de cette manière; le plus souvent deux des prismes sont dominants, et le troisième subordonné. Les faces de ce dernier prisme sont encore alors des rhombes; celles des deux autres, se coupant deux à deux suivant des arêtes, forment des pentagones symétriques; mais il est alors facile de voir que c'est la combinaison de trois prismes dérivés d'un même octaèdre. Une combinaison de cette espèce se présente dans le Carbonate de plomb; elle est représentée dans la *figure* 90. Si l'on supprime dans la figure les faces b, on voit que la combinaison est formée par trois prismes, dont le premier prisme vertical g et le second prisme horizontal $f/2$ sont dominants, et le premier prisme horizontal $d/2$ est subordonné. Les faces de ce dernier sont des rhombes, de sorte que les trois prismes appartiennent à un même rhomboctaèdre; ce rhomboctaèdre n'est pas celui que l'on est porté à prendre pour forme primitive dans le Carbonate de plomb, mais c'est le rhomboctaèdre $(a : b : 1/2\,c)$; de sorte que les notations des trois prismes sont les suivantes :

Prisme vertical $\qquad\qquad\qquad (a : b : \infty\ c)$

Premier prisme horizontal $\qquad (a : \infty\ b : 1/2\ c)$

Second prisme horizontal $\qquad (\infty\ a : b : 1/2\ c)$

Les cristaux d'un grand nombre de genres minéraux ne présentent que des prismes, et pas de rhomboctaèdres. Quand il se présente seulement deux de ces prismes, mais de classes différentes, on peut encore fixer les angles de la forme primitive. Comme la forme primitive ne sert qu'à rattacher les différentes formes du même système cristallin, il est tout à fait indifférent que la forme que l'on choisit pour remplir ce rôle se présente réellement dans les cristaux du genre minéral ou qu'elle ne s'y présente pas.

III. *Formes dont les faces sont inclinées vers un axe et parallèles aux deux autres.*

Ce sont trois faces avec leurs parallèles qui coupent à angle droit les trois axes, et sont dirigées dans le sens des trois espèces d'angles du rhomboctaèdre, savoir :

1. *Les faces perpendiculaires au premier axe secondaire, et qui ont par conséquent pour notation* $(a : \infty\, b : \infty\, c)$.

2. *Faces perpendiculaires au second axe secondaire, et qui sont représentées par* $(\infty\, a : b : \infty)$.

3. *Faces perpendiculaires à l'axe principal, et qui ont pour notation* $(\infty\, a : \infty\, b : c)$.

Ces dernières faces peuvent être appelées *faces terminales droites*; les premières, *premières faces latérales*; enfin les secondes peuvent être appelées *secondes faces latérales*.

Toutes ces faces forment des rhombes quand elles se combinent avec les rhomboctaèdres, car elles sont parallèles chacune à un système de deux axes. Comme elles sont toutes les trois dissemblables, elles peuvent se combiner avec les rhomboctaèdres d'une manière tout à fait indépendante les unes des autres. Ainsi, par exemple, le Soufre présente très-souvent une seule face terminale droite qui tronque l'angle terminal de la forme primitive, ou bien qui, comme dans la *fig.* 86, tronque l'angle terminal de l'octaèdre obtus $o/3$. Dans cette figure, ainsi que dans les suivantes, cette face est représentée par la lettre c.

Ces trois faces se présentent souvent combinées ensemble sans aucune autre forme ; elles forment alors une combinaison qui a beaucoup de ressemblance avec l'hexaèdre régulier ou avec les combinaisons des deux espèces de prismes rectangulaires à quatre faces avec la face terminale droite du deuxième système cristallin. On la distingue en ce que les faces sont des rectangles, tandis que celles de l'hexaèdre sont des quarrés, et que celles des prismes du deuxième système cristallin sont des quarrés et des rectangles. Des formes de cette espèce se présentent dans l'Anhydrite.

Dans cette combinaison, la face terminale droite est le plus souvent remplacée par les faces de la forme primitive, qui alors forment des pointements sur les extrémités du prisme rectangulaire à quatre faces que forment la première et la deuxième face latérale. Les faces de ces pointements sont placées obliquement sur les arêtes. Cette combinaison, qui se rencontre dans la Desmine, représentée *fig.* 95 (dans laquelle les faces $o = (a : b : c)$, les faces $a = (a : \infty\, b : \infty\, c)$, les faces $b = (\infty\, a : b : \infty\, c)$, ressemble à la combinaison d'un quadratoctaèdre avec un prisme rectangulaire à quatre faces, de classe différente, comme, par exemple, avec la combinaison du Zircon, *fig.* 62; seulement, dans ces combinaisons, les faces de pointement sont des parallélogrammes et les faces latérales sont dissemblables, tandis que dans les combinaisons semblables du deuxième système, les faces des pointements sont des rhombes et les faces latérales sont semblables.

Les prismes verticaux à quatre faces se présentent souvent combinés avec la première et la seconde face latérale et avec la face terminale. Très-souvent le prisme vertical primitif est terminé à ses extrémités par la face terminale droite (Topaze, Sulfate de Baryte); dans cette combinaison, c'est tantôt le prisme, tantôt la face terminale qui dominent; dans ce dernier cas, les cristaux prennent la forme de tables, c'est ce qui arrive en effet pour le Sulfate de Baryte (*fig.* 92).

Les deux faces latérales se présentent comme faces de troncature des premières ou des secondes arêtes latérales des prismes verticaux, et forment, selon qu'elles se présentent isolées ou ensemble, des prismes symétriques à six ou à huit faces, toujours avec deux espèces d'arêtes latérales, qui sont, dans le premier cas, deux arêtes du prisme et quatre arêtes de combinaison, et dans le second cas, quatre arêtes de combinaison des premières faces latérales, et quatre autres arêtes de combinaison des secondes faces latérales. Le premier cas, et notamment la combinaison du prisme vertical primitif et de la seconde face latérale, se rencontre dans le Carbonate de Plomb, *fig.* 96, le second se rencontre dans la Chrysolithe, *fig.* 93. Les prismes à six faces symétriques qui se forment de cette manière ressemblent souvent beaucoup aux prismes réguliers à six faces, lorsque les angles du prisme vertical qu'ils renferment s'approchent de 120°. C'est ce qui a lieu dans le prisme vertical primitif de l'Arragonite et du Carbonate de Plomb, *fig.* 96. Dans les cristaux de ce dernier minéral, les angles dièdres situés aux arêtes latérales obtuses sont de 118° 40′; les angles dièdres situés aux quatre arêtes de combinaison du prisme vertical et de la seconde face latérale sont de

120°, 40′. Des prismes verticaux avec des angles de 120° donneraient aussi des prismes symétriques à six faces avec des angles de 120°; mais des prismes à quatre faces de cette espèce ne sont pas encore connus jusqu'à présent, et paraissent même ne pas pouvoir se présenter. Dans le Carbonate de Plomb les prismes symétriques sont souvent terminés à leurs extrémités par les faces de la forme primitive *o*, et celles d'un second prisme horizontal 2*f*, ayant son axe principal deux fois plus grand que celui de la forme primitive, *fig.* 96. Les faces du prisme horizontal 2*f* ont presque la même inclinaison vers l'axe principal que celles de la forme primitive, elles forment avec celles-ci un pointement à six faces qui ressemble à celui d'un hexagondodécaèdre, mais qui a deux espèces d'arêtes, savoir, deux arêtes qui sont les arêtes terminales obtuses de la forme primitive, et six arêtes de combinaison déterminées par les intersections des faces de la forme primitive et de celles du second prisme. Des combinaisons tout à fait semblables se rencontrent dans le Sulfate de Potasse; elles avaient été regardées pendant long-temps comme des combinaisons d'un prisme régulier à six faces et d'un hexagondodécaèdre.

Nous n'avons considéré dans ce qui précède que les combinaisons les plus ordinaires et les plus importantes que présentent les formes du quatrième système cristallin; ce que nous avons dit suffira pour se rendre compte des combinaisons plus difficiles et plus compliquées qui pourraient se présenter. Pour terminer ce qui se rapporte à ce système nous allons exposer ses différentes zones et les faces qui se trouvent dans ces zones.

I. *Zone horizontale.*

Cette zone comprend :

1. La première face latérale $(a : \infty\, b : \infty\, c)$;

2. Les prismes verticaux $(a : m\, b : \infty\, c)$, dans lesquels m est plus grand que 1;

3. Le prisme vertical primitif $(a : b : \infty\, c)$;

4. Les prismes verticaux $(a : m\, b : \infty\, c)$, dans lesquels m est plus petit que 1 ;

5. La seconde face latérale $(\infty\, a : b : \infty\, c)$.

Il n'existe qu'une seule zone horizontale ; toutes les faces qui y sont comprises ont dans leurs notations $\infty\, c$.

II. *Zone verticale de la première face latérale.*

Elle comprend :

1. La première face latérale $(a : \infty\, b : \infty\, c)$;

2. Les 1ers prismes horizontaux $(a : \infty\, b : m\, c)$, qui ont m plus grand que 1 ;

3. Le premier prisme horizontal primitif $(a : \infty\, b : c)$;

4. Les 1ers prismes horizontaux $(a : \infty\, b : m\, c)$, qui ont m plus petit que 1;

5. La face terminale droite $(\infty\, a : \infty\, b : c)$.

Cette zone est seule de son espèce; toutes les formes qui y sont comprises ont dans leurs notations $\infty\, b$.

III. *Zone verticale de la seconde face latérale.*

Elle comprend :

1. La 2e face latérale $(\infty\, a : b : \infty\, c)$;

2. Les 2es prismes horizontaux $(\infty\, a : b : mc)$, qui ont m plus grand que 1;

3. Le 2e prisme horizontal primitif $(\infty\, a : b : c)$;

4. Les 2es prismes horizontaux $(\infty\, a : b : m\, c)$, qui ont m plus petit que 1:

5. La face terminale droite.

Cette zone est aussi seule de son espèce; toutes les formes qui lui appartiennent ont dans leurs notation $\infty\, a$.

Zones verticales du prisme vertical primitif.

Dans ces zones sont situés :

1. Le prisme vertical primitif $(a : b : \infty\, c)$;

2. Les rhomboctaèdres $(a : b : m\, c)$, dans lesquels m est plus grand que 1;

3. La forme primitive $(a : b : c)$;

4. Les rhomboctaèdres $(a : b : m\, c)$ qui ont m plus petit que 1 ;

5. La face terminale droite $(\infty\, a : \infty\, b : c)$.

Il existe deux zones de cette espèce ; des zones analogues se déduisent de tous les autres prismes verticaux qui peuvent se présenter. Les faces d'une zone verticale d'un prisme vertical ont toutes leurs axes secondaires dans le même rapport.

V. *Premières zones d'arétes (zones des arétes terminales) de la forme primitive.*

Les formes qui appartiennent à ces zones sont les suivantes :

1. Le 1er prisme horizontal primitif $(a : \infty\, b : c)$;

2. Les rhomboctaèdres $(a : m\, b : c)$ qui ont m plus grand que 1 ;

3. La forme primitive $(a : b : c)$;

4. Les rhomboctaèdres $(a : m\, b : c)$ qui ont m plus petit que 1 ;

5. La 2e face latérale $(\infty\, a : b : \infty\, c)$.

Il existe deux zones de cette espèce. Tous les rhomboctaèdres ayant l'axe principal différent de celui de la forme primitive, donnent lieu à des zones semblables. Toutes les faces qui appartiennent à la première zone d'arètes d'un même rhomboctaèdre ont dans leurs notations les axes a et c dans le même rapport.

VI. *Deuxièmes zones d'arêtes (zones des arêtes terminales) de la forme primitive.*

A ces zones appartiennent les formes suivantes :

1. Le deuxième prisme horizontal primitif $(\infty\, a : b : c)$;

2. Les rhomboctaèdres $(m\, a : b : c)$ qui ont m plus grand que 1 ;

3. La forme primitive $(a : b : c)$;

4. Les rhomboctaèdres $(m\, a : b : c)$ qui ont m plus petit que 1 ;

5. La première face latérale $(a : \infty\, b : \infty\, c)$.

Il existe deux zones de cette espèce dans chaque forme, et il y en a autant de variétés que dans les premières zones d'arêtes. Toutes les faces qui appartiennent à la seconde zone d'arête d'un même rhomboctaèdre ont leurs axes b et c dans le même rapport.

B. Formes hémiédriques.

Le quatrième système cristallin présente aussi des formes hémiédriques , mais elles sont plus rares que celles du système précédent. Il existe des hémioctaèdres ou tétraèdres qui dérivent des rhomboctaèdres par la disparution des faces al-

ternatives, de la même manière que les hémioctaèdres réguliers dérivent des octaèdres réguliers. Les quatre faces de ces hémioctaèdres sont
des triangles scalènes ; les six arêtes sont de trois
espèces différentes : deux arêtes terminales, deux
arêtes latérales correspondant aux angles latéraux obtus du rhomboctaèdre, et deux autres
arêtes latérales correspondant aux angles latéraux aigus. Les quatre angles sont à trois faces;
les trois arêtes qui se réunissent à leurs sommets sont toutes trois inégales. Un hémioctaèdre de cette espèce se présente dans le Sulfate
de magnésie en combinaison avec le prisme
vertical dérivé de cet octaèdre. Il se présente
aussi dans la Manganite en combinaison subordonnée avec des prismes et rhomboctaèdres homoédriques.

V.

CINQUIEME SYSTÈME CRISTALLIN.

Les formes de ce système ont trois axes qui sont tous inégaux ; deux de ces axes sont obliques l'un sur l'autre, le troisième est à angle droit sur les deux autres. Elles se distinguent des formes du système précédent par cette obliquité de deux de leurs axes. Comme les trois axes sont inégaux, il est indifférent de prendre tel ou tel axe pour axe primitif, pour premier ou pour second axe secondaire. Cependant on choisit ordinairement pour axe primitif un des deux axes inclinés l'un sur l'autre, et cela parce qu'ordinairement les cristaux se sont étendus dans le sens de l'un de ces axes, de sorte que la plupart du temps les faces qui se trouvent parallèles à cet axe dominent beaucoup. L'axe qui est oblique sur l'axe principal est pris pour premier axe secondaire, et le troisième axe est pris pour deuxième axe secondaire. L'axe principal est toujours représenté par c ; le premier axe secondaire, par a ; le deuxième axe secondaire, par *b;* l'angle sous lequel l'axe principal coupe le premier axe secondaire est marqué par δ.

On distingue dans ce système, comme dans le précédent, des formes dont les faces sont inclinées à la fois vers les trois axes, des formes dont les faces ne sont inclinées que vers deux axes et parallèles au troisième, enfin des formes dont les faces ne sont inclinées que vers un seul axe, et parallèles aux deux autres : toutes ces formes se distinguent des formes correspondantes du système précédent par des propriétés caractéristiques déterminées par l'obliquité des deux axes.

I. *Formes dont les faces sont inclinées à la fois sur les trois axes.*

Octaèdres, *fig.* 97. Gypse.

Ces formes ont huit faces, douze arêtes et six angles. Les faces sont des triangles scalènes; elles sont de deux espèces. Elles forment quatre couples de faces qui sont égaux deux à deux, notamment les faces *o* du couple supérieur et antérieur, et du couple inférieur et postérieur, et les faces *o'* du couple supérieur postérieur, et du couple inférieur antérieur.

Les arêtes sont de quatre espèces : quatre arêtes terminales qui joignent les axes *a* et *c*, mais à cause de l'obliquité de ces deux axes, il n'y a que les arêtes opposées qui soient égales, notamment les arêtes supérieures antérieures, et les arêtes inférieures postérieures D que l'on pourrait appeler *premières arêtes terminales*, et les arêtes supérieures postérieures et inférieures antérieures D', que l'on pourrait appeler *les troisièmes arêtes terminales*; quatre arêtes terminales F qui joignent les axes b et c et peuvent être appelées *deuxièmes arêtes terminales*, et quatre arêtes latérales G qui joignent les axes secondaires. Les premières et troisièmes arêtes terminales sont formées par des faces égales; les deuxièmes arêtes terminales et les arêtes latérales sont formées par des faces inégales; ces dernières sont par conséquent des arêtes de combinaison.

Les angles sont à quatre faces et de trois espèces : deux angles terminaux formés par des arêtes de trois espèces et placés aux extrémités de l'axe principal; deux angles latéraux A formés par des arêtes de trois espèces, situées aux extrémités du premier axe secondaire (*premiers angles latéraux*); deux angles latéraux symétriques B situés aux extrémités du deuxième axe secondaire (*deuxièmes angles latéraux*).

La section faite par les premières et troisièmes arêtes terminales est un parallélogramme (*fig.* 13, *planche* X); cette section est très-importante, parce qu'elle contient les axes obliques ; elle porte à cause de cela le nom de *section principale*. La section passant par les deuxièmes arêtes terminales et par les arêtes latérales est un rhombe ; cette dernière section s'appelle *la base*. Des deux angles que forment entre eux les deux axes a et c, et qui sont compléments l'un de l'autre, l'un, celui qui est opposé à la première arête terminale D, est désigné par δ ; l'autre, qui est opposé à la troisième arête terminale D', est désigné par δ'.

Les octaèdres de cette espèce peuvent être très-variés dans les cristaux d'un même genre minéral, suivant la longueur de leurs axes. On prend encore ici un de ces octaèdres pour forme primitive ; et quoique cette forme primitive diffère essentiellement des formes primitives des systèmes précédents, en ce qu'elle n'est pas une forme simple, et qu'elle est formée par des faces de deux espèces différentes, elle se comporte néanmoins avec les autres formes du genre minéral comme une véritable forme primitive ; car les axes des autres formes du genre minéral sont toujours dans des rapports rationnels et simples avec les axes de cette forme. Elle doit par conséquent avoir une notation tout-à-fait semblable à celle de la forme primitive du système précédent. Cette notation est :

$$(a : b : c).$$

Les autres octaèdres ont pour notations :

$$(a : b : m\,c);$$
$$(a : m\,b : c);$$
$$(m\,a : b : c);$$
$$(m\,a : n\,b : c).$$

Seulement, pour déterminer entièrement la forme cristalline, il faut donner la valeur de l'angle δ. La forme primitive est toujours tellement placée que l'angle δ se trouve obtus, de sorte que dans cette forme primitive, comme dans tous les autres octaèdres de ce système, la première arête terminale est plus longue et plus obtuse que la troisième. Les secondes arêtes terminales sont, dans les octaèdres de ce système, tantôt plus obtus, tantôt plus aigus que la première et la deuxième arête terminale.

Ces octaèdres se présentent rarement tout-à-fait complets. Comme ils ont des couples de faces de deux espèces, ordinairement une de ces espèces de couples domine, et l'autre est subordonnée ; souvent même cette dernière manque entièrement lorsqu'une de ces espèces de couples de faces se présente seule ; alors les faces qui dans la forme primitive ne se touchaient qu'en un seul point viennent se couper suivant des arêtes, et l'on a des prismes obliques à quatre faces qui ne se présentent jamais isolés, puisqu'ils ne peuvent à eux seuls terminer le cristal, mais qui sont combinés soit entre eux, soit avec les faces d'autres prismes obliques dérivés d'une manière semblable des autres octaèdres, ou même avec les faces des autres formes du cinquième système cristallin. Cette circonstance rend le choix de la forme primitive encore plus difficile que dans les systèmes précédents, car ici il y a deux prismes obliques que l'on peut prendre indifféremment pour forme primitive. On choisit ordinairement celui par rapport auquel les autres formes présentent les relations les plus simples.

Mais comme les deux espèces de faces des octaèdres peuvent se présenter séparées, les deux prismes obliques auxquels ils peuvent donner lieu doivent avoir chacun une notation particulière. Pour cela on donne la notation $(a : m\,b : n\,c)$ au prisme dont les faces supérieures sont placées sur le côté antérieur de l'octaèdre, et la notation $(a' : m\,b : n\,c)$ au prisme dont les faces supérieures sont placées sur le côté postérieur de l'octaèdre. Le premier prisme prend le nom de *prisme oblique antérieur*, et le second, le nom de *prisme oblique postérieur* du cinquième système cristallin.

Dans la représentation d'un octaèdre, on doit toujours donner les notations des deux prismes, car jamais l'un de ces prismes ne détermine l'autre.

Les formes primitives des différents genres minéraux appartenant au cinquième système cristallin se distinguent entre elles non seulement par les différentes valeurs de leurs axes, qui ne sont dans aucun rapport simple dans les différentes formes primitives, mais encore par les inclinaisons variables de leurs axes a et c. Les valeurs de ces angles, ainsi que les valeurs des axes, se déterminent au moyen des angles dièdres que l'on peut mesurer; mais à cause de l'obliquité de deux des axes, on a besoin de mesurer trois de ces angles, ce qui rend la détermination des rapports avec la forme primitive encore plus incertaine dans ce système que dans les précédents. On a trouvé pour le Gypse :

$$a : b : c = 1 : 1,445 ; 0,5975$$

l'angle $\delta = 98°, 54'$.

On déduit de là pour la forme primitive :

Première arête terminale		143°, 28'
troisième «	«	138° 44'
deuxième «	«	122° 21'
arêtes latérales		71° 42'

Moins l'angle δ s'éloigne de l'angle droit, plus les deux prismes de l'octaèdre se rapprochent l'un de l'autre, et plus la figure prend de ressemblance avec un rhomboctaèdre. La différence est souvent tellement peu sensible dans les octaèdres de certains genres minéraux, que ces octaèdres ont été pris pendant long-temps pour des rhomboctaèdres; c'est ce qui a eu lieu pour la forme primitive de la Mésotype, qui a l'angle δ égal à 90°, 54'. Il est très-probable qu'il existe dans le cinquième système cristallin des octaèdres qui ont l'angle δ précisément égal à 90° et par conséquent leurs trois axes à angles droits. C'est ce qui se présente probablement dans les octaèdres que l'on peut construire au moyen des faces qui se présentent dans l'Amphibole, le Pyroxène et le Wolfram; cependant, même dans ces cristaux, la disposition des faces fait facilement reconnaître que la forme se rapporte au cinquième système cristallin.

II. *Formes dont les faces sont inclinées vers deux axes et parallèles au troisième.*

Ce sont des prismes à quatre faces que l'on peut, comme dans le système précédent, diviser en trois grandes classes :

1. Prismes à quatre faces, dont les faces sont parallèles à l'axe principal ;

2. Prismes à quatre faces, dont les faces sont parallèles au deuxième axe secondaire *b;*

3. Prismes à quatre faces, dont les faces sont parallèles au premier axe secondaire *a.*

1. *Prismes à quatre faces, dont les faces sont parallèles à l'axe principal.*

Ces prismes sont des prismes verticaux à quatre faces, dont la section droite est un rhombe qui ne coïncide cependant pas avec le rhombe de la base de l'octaèdre du cinquième système cristallin; il fait avec celui-ci un angle égal à $\delta - 90°$. Ces figures ont par conséquent la même section droite que les prismes verticaux du quatrième système, de sorte qu'elles coïncident entièrement avec ceux-ci : elles portent aussi le même nom et la même notation. Cette notation est :

$$(a : m\, b : \infty\ c).$$

Celle du prisme vertical de la forme primitive est :

$$(a : b : \infty\ c).$$

Leurs arêtes latérales sont de deux espèces; elles peuvent, comme celles des prismes du quatrième système, se distinguer en premières et secondes arêtes latérales.

Dans les combinaisons de la forme primitive avec son prisme vertical, les faces de la forme primitive déterminent, comme dans les combinaisons analogues du quatrième système cristallin, des pointements à quatre faces sur les extrémités du prisme vertical : la première et la troisième arête terminale de ces pointements sont situées dans le plan de l'axe principal et du premier axe secondaire ; les deuxièmes arêtes terminales sont situées dans le plan de l'axe principal et du deuxième axe secondaire. Les faces de ces pointements ne reposent pas symétriquement sur les faces latérales du prisme, elles sont plus ou moins obliques sur ces faces; leur position est telle que, dans chaque face latérale du prisme, les arêtes sont parallèles aux faces de pointement supérieure ou inférieure. C'est ce qui arrive dans une combinaison de la Mésotype représentée *fig.* 98, où o et o' sont les faces de la forme primitive $(a : b : c)$ et $(a' : b : c)$, g les faces du prisme vertical primitif $(a : b : \infty c)$: il en est de même d'une combinaison du Gypse représentée *fig.* 99 (quand on supprime dans la figure les faces b). Dans cette figure, les faces analogues à celles de la *fig.* 98 sont représentées par les mêmes lettres que dans cette dernière figure.

Si les faces du premier prisme vertical sont subordonnées dans leur combinaison avec la forme primitive, elles forment des troncatures sur les arêtes latérales; ces faces sont bien alors parallèles à l'axe de la forme principale, mais elles sont inclinées différemment sur les faces supérieures et sur les faces inférieures de l'octaèdre.

Dans la Mésotype les deux prismes obliques primitifs sont ordinairement également dominants; mais dans la plupart des autres genres un de ces prismes domine, souvent même il se présente tout seul. Dans ce dernier cas, le prisme vertical se trouve terminé par un biseau à arête oblique. L'arête du biseau supérieur est dirigée vers la première arête latérale antérieure ou postérieure du prisme, selon que les faces du prisme oblique postérieur ou celles du prisme antérieur ont disparu. Le premier cas se présente dans le Gypse, *fig.* 100; le second, dans le Pyroxène, *fig.* 103. Ces sortes de combinaisons se présentent très-fréquemment dans ce système; elles sont caractéristiques.

Dans la combinaison de la forme primitive avec son prisme vertical, les octaèdres du cinquième système cristallin qui ont même base, mais l'axe principal plus grand que la forme primitive, déterminent des troncatures obliques sur les arêtes de combinaison de la forme primitive avec le prisme vertical; les octaèdres qui ont l'axe principal plus petit forment des pointements sur les angles terminaux; les faces de ces pointements coupent celles de la forme primitive suivant des arêtes parallèles aux arêtes de combinaison que détermine la forme primitive avec le prisme vertical. Les faces latérales du prisme vertical conservent donc toujours leurs arêtes de combinaison parallèles. La combinaison conserve ce même caractère, lorsque, comme cela arrive très-fréquemment, il ne se présente qu'un seul des deux prismes obliques de la forme primitive, ou de l'octaèdre qui est en combinaison avec elle, et a la même base que cette forme primitive, mais l'axe principal inégal. Mais dans ce cas, les deuxièmes arêtes terminales ne sont plus situées dans le plan de l'axe principal. Ce caractère fait reconnaître facilement une combinaison de deux prismes obliques qui ne dérivent pas d'un même octaèdre, des combinaisons de la forme primitive. On reconnaît cela dans la *fig.* 104, qui représente une combinaison du Pyroxène dans laquelle les faces o et o' appartiennent à la forme primitive, les faces g au prisme vertical primitif, et les faces $2o'$ au prisme oblique postérieur $(a : b : 2\,c)$ d'un octaèdre qui a la même base, mais un plus grand axe principal que la forme primitive. Les faces $2o'$ viennent à cause de cela tronquer les arêtes des faces g et o', et former, avec les faces latérales, des arêtes qui ne sont pas situées dans le plan de l'axe principal, comme les arêtes formées par les faces o et o' [1].

[1] On se rend bien compte de la position de ces dernières arêtes, quand on tient le cristal verticalement et qu'on le

La combinaison de deux prismes obliques, antérieur et postérieur, appartenant à deux octaèdres de bases inégales, ne forme pas d'arêtes parallèles sur les faces latérales du prisme vertical primitif; il en est de même de la combinaison de la forme primitive avec un prisme vertical qui ne correspond pas à sa base. Cette dernière combinaison ressemblerait beaucoup à celle de la Liévrite, *fig.* 88, si l'on supprimait les faces d; seulement les premières et troisièmes arêtes terminales ne seraient pas égales.

2. *Prismes à quatre faces parallèles au second axe secondaire.*

Ces prismes doivent, à cause du parallélisme de leurs faces avec le deuxième axe secondaire, être comparés aux premiers prismes horizontaux du système précédent, et avoir la même notation; cette notation est :

$$(a : \infty\, b : m\, c).$$

Celle du prisme horizontal primitif est

$$(a : \infty\, b : c).$$

voit d'en haut. Dans les dessins graphiques on les distingue le mieux dans les projections horizontales. Ces projections horizontales sont surtout convenables pour les cristaux des cinquième et sixième systèmes cristallins, parce qu'elles sont très-claires et très-nettes, et que d'ailleurs elles sont très-faciles à exécuter.

Leur section droite coïncide avec celle de l'octaèdre du cinquième système cristallin ; cette section est comme celle-ci un parallélogramme. Les faces de ces prismes horizontaux sont de deux espèces ; ces deux espèces peuvent se présenter d'une manière tout à fait indépendante l'une de l'autre, comme cela arrive pour les deux prismes des octaèdres du cinquième système. Elles forment alors des faces terminales obliques isolées, placées sur le côté antérieur ou postérieur, selon que ce sont les faces postérieures ou les faces antérieures du prisme horizontal qui ont disparu ; elles doivent, comme les deux prismes d'un octaèdre du cinquième système, avoir les notations :

$$(a : \infty\, b : m\, c) \text{ et } (a' : \infty\, b : m\, c),$$

et l'on doit joindre ces deux notations quand les deux prismes se présentent ensemble.

Ces faces obliques isolées sont aussi caractéristiques pour le cinquième système cristallin que les prismes obliques qui dérivent des octaèdres de ce système. Elles se combinent avec les différents octaèdres du cinquième système ; lorsqu'elles ont leurs axes a et c dans le même rapport que ceux des octaèdres, elles forment des troncatures droites sur les arêtes terminales antérieures et postérieures. C'est ce qui arrive dans la combinaison du Pyroxène représentée

13

fig. 103, dans laquelle les faces d' ont pour notation $(a' : \infty\, b : c)$; mais très-souvent elles se présentent isolées avec les prismes verticaux et affectent alors la forme de rhombes. Les faces $d/2$ présenteraient également cette apparence si l'on supprimait les faces d et c dans la *fig.* 101, qui représente une combinaison de la Titanite. Une des diagonales d'une de ces faces obliques est parallèle au deuxième axe secondaire, elle est par conséquent horizontale, et prend à cause de cela le nom de *diagonale horizontale;* l'autre est parallèle à la première ou troisième arête terminale de l'octaèdre du cinquième système, elle est par conséquent oblique, et prend à cause de cela le nom de *diagonale oblique.* Si dans une combinaison d'un prisme vertical avec des faces terminales obliques, il survient encore d'autres de ces faces, celles-ci se présentent comme faces de troncature des angles aigus ou obtus des premières arêtes latérales du prisme vertical, et coupent les faces obliques dominantes suivant des arêtes parallèles à leurs diagonales horizontales, *fig.* 101. Si dans une combinaison de cette espèce il survient en combinaison subordonnée un prisme oblique appartenant aux faces terminales obliques, les faces de ce prisme forment des troncatures sur les angles égaux des deuxièmes arêtes latérales et coupent les faces terminales dominantes suivant des arêtes qui sont parallèles aux diagonales obliques.

3. *Prismes à quatre faces parallèles au premier axe secondaire.*

On doit comparer ces prismes aux seconds prismes horizontaux du système précédent, seulement dans ce système ils ne sont pas placés horizontalement, mais obliquement, comme le premier axe secondaire lui-même. Leur section droite est un rhombe qui ne coïncide pas avec celui que donne, dans l'octaèdre du cinquième système, la section passant par les axes b et c; mais elle forme avec celui-ci un angle de $\delta - 90°$, comme cela a lieu dans le prisme vertical. Leur notation générale est celle-ci :

$$(\infty\, a : b : m\, c);$$

celle du second prisme de la forme primitive,

$$(\infty\, a : b : c).$$

Dans leurs combinaisons avec la forme primitive ou avec les octaèdres du cinquième système cristallin, qui ont les mêmes rapports entre les axes b et c, les faces de ces prismes forment des troncatures obliques sur les deuxièmes arêtes terminales. Dans leurs combinaisons avec les prismes verticaux, ces faces forment sur les extrémités des prismes des biseaux obliques,

13.

dont l'arête est dirigée vers la première arête latérale du prisme vertical, absolument comme cela a lieu pour les prismes obliques. Ils ne se distinguent nullement de ceux-ci par eux-mêmes, et ce n'est que le choix de la forme primitive qui décide quels sont parmi les prismes obliques ceux que l'on doit prendre pour deuxièmes prismes ; chaque prisme oblique considéré isolément peut très-bien être regardé soit comme primitif, soit comme second prisme oblique.

III. *Formes dont les faces sont inclinées vers un axe, et parallèles aux deux autres.*

Ces formes se réduisent à trois faces isolées, avec leurs parallèles, savoir :

La face $(a : \infty\, b : \infty\, c)$ parallèle aux axes b et c, mais rencontrant l'axe a ;

La face $(\infty\, a : b : \infty\, c)$ rencontrant l'axe b, mais parallèle aux axes a et c ;

La face $(\infty\, a : \infty\, b : c)$ rencontrant l'axe c et parallèle aux axes a et b.

La face $(a : \infty\, b : \infty\, c)$ correspond à la première face latérale du quatrième système cristallin, seulement elle n'est pas à angle droit sur l'axe a, elle est à angle droit sur la section droite des prismes verticaux, et apparaît dans les combinaisons avec ces prismes comme face de troncature de la première arête latérale. (Les faces a

dans les combinaisons du Pyroxène, *fig.* 103 et 104.)

La face ($\infty a : b : \infty c$) correspond à la seconde face latérale du quatrième système, elle est perpendiculaire au deuxième axe secondaire, et se présente dans ses combinaisons avec les prismes verticaux comme face de troncature de la seconde arête latérale; elle coupe toutes les faces terminales obliques sous des angles droits. (Les faces *b* dans les combinaisons du Pyroxène, *fig.* 103 et 104, ou du Feldspath, *fig.* 105 et 106). Si dans une de ces combinaisons les faces terminales obliques et ces secondes faces latérales dominent, les faces des prismes obliques se présentent comme faces de troncature des arêtes de combinaison des faces terminales obliques qui leur appartiennent, et des deuxièmes faces latérales. C'est ainsi que dans le Feldspath, *fig.* 106, les faces du prisme oblique *o'* tronquent les arêtes formées par la face terminale oblique *d'* et la deuxième face latérale *b.*

Les premières et deuxièmes faces latérales forment, en se combinant ensemble, un prisme rectangulaire à quatre faces inégales; la face terminale oblique est placée symétriquement sur la première face latérale, comme dans le Feldspath, *fig.* 102.

La face ($\infty a : \infty b : c$) correspond à la face

terminale droite du quatrième système cristallin, mais elle est placée obliquement sur l'axe c, comme la base de la forme primitive à laquelle elle est parallèle. Quand elle se combine avec la forme primitive, elle forme une troncature sur l'angle terminal, elle a alors la forme d'un rhombe, et coupe la forme primitive suivant des arêtes qui sont parallèles aux arêtes latérales de la forme primitive. Quand elle se combine avec un prisme vertical, elle forme toujours une face terminale oblique, semblable aux faces terminales obliques qui dérivent des premiers prismes horizontaux. Dans ses combinaisons avec la forme primitive et le prisme vertical de cette forme primitive, lorsque la face terminale domine les faces de la forme primitive, se présentent comme faces de troncature des arêtes de combinaison aiguës ou obtuses du prisme et de la face terminale. (La face c dans la combinaison du Pyroxène représentée *fig.* 104, ou dans la combinaison du Feldspath, *fig.* 105, 106 et 102.)

Ainsi, par rapport aux prismes verticaux, les bases et les faces terminales obliques se comportent exactement de la même manière; aussi est-il tout à fait indifférent de prendre l'une ou l'autre des faces terminales obliques pour base; cependant le plus souvent on choisit celle qui établit les rapports les plus simples entre les autres faces du système; encore arrive-t-il souvent que plusieurs faces terminales obliques satisfont à cette dernière condition. Ainsi, par exemple, si dans la combinaison du Feldspath, *fig.* 106, on regarde les faces g et c comme les faces du prisme vertical $(a : b : \infty c)$ et de la base $(\infty a : \infty b : c)$, alors les faces o', qui sont des troncatures des arêtes de combinaison aiguës formées par les faces c et g, sont les faces d'un prisme oblique postérieur dont l'octaèdre a une base égale à la base c. Si l'on regarde ces faces comme des faces $(a' : b : c)$ de la forme primitive, les faces d et $2\, d'$ devront prendre les notations $(a' : \infty b : c)$ et $(a' : \infty b : 2\, c)$. Regarde-t-on, au contraire, les faces g et $2\, d'$ comme les faces $(a : b : \infty c)$ et $(\infty a : \infty b : c)$, alors les faces o' se trouvent être aussi des faces du prisme oblique postérieur primitif $(a' : \infty b : c)$; car ces faces, si elles étaient plus étendues, formeraient également des troncatures sur les arêtes de combinaison aiguës formées par les faces $2\, d'$ et g; on devrait alors donner aux faces d' et c les notations $(a' : \infty b : c)$ et $(a' : \infty b : 2\, c)$. Enfin, si l'on considère les faces c et d' comme des faces terminales obliques $(a : \infty b : c)$ et $(a' : \infty b : c)$ appartenant aux prismes obliques de la forme primitive, et les faces o' comme les faces du prisme oblique postérieur $(a' : b : c)$, alors les faces *g* ne sont plus les faces du prisme vertical primitif, mais celles d'un autre prisme $(a : 2\, b : \infty\, c)$, et 2 *d'* doit recevoir la notation $(a : \infty\, b : 3\, c)$. Dans le premier cas, l'angle δ se trouve être de 116°, 6′; dans le deuxième, cet angle est de 144°, 23′; et dans le troisième, il est de 91°, 4′. Le premier et le troisième angle seraient placés sur le côté antérieur, et le second, sur le côté postérieur du prisme vertical, comme cela est représenté *fig*. 106.

RÉCAPITULATION DES FORMES ET DES ZONES

DU CINQUIÈME SYSTÈME CRISTALLIN.

Comme les prismes qui correspondent aux seconds prismes horizontaux du quatrième système cristallin sont obliques et coïncident exactement avec les prismes obliques qui dérivent des octaèdres du cinquième système; comme de plus la base de la forme primitive est oblique et coïncide avec les faces terminales obliques qui dérivent des premiers prismes horizontaux, on n'a à considérer réellement dans le cinquième système cristallin que les prismes et les faces isolées qui suivent :

1. *Prismes verticaux* $(a : m\, b : \infty\, c)$;
2. *Prismes obliques* $(a : m\, b : n\, c)$ et $a' : m\, b :$

$n\,c$). Au milieu de cette série de prismes se trouvent les prismes obliques de la base $(\infty\,a : b : n\,c)$;

3. La première face latérale $(a : \infty\,b : \infty\,c)$;

4. La seconde face latérale $(\infty\,a : b : \infty\,c)$;

5. Les faces terminales obliques $(a : \infty\,b : n\,c)$ et $(a' : \infty\,b : n\,c)$; au milieu de cette série de faces se trouve la base $(\infty\,a : \infty\,b : c)$.

Les mêmes circonstances diminuent également le nombre des zones du cinquième système cristallin. La zone verticale de la deuxième face latérale, et les premières zones d'arêtes du système précédent coïncident dans ce cinquième système, et prennent le nom de zones diagonales, parce que les axes de ces zones sont parallèles aux diagonales obliques des faces terminales obliques, qui ordinairement dominent beaucoup. Les zones verticales des prismes verticaux du quatrième système cristallin sont obliques dans le cinquième.

I. *Zone horizontale.*

Elle comprend :

1. La première face latérale $(a : \infty\,b : \infty\,c)$;

2. Les faces des prismes verticaux $(a : m\,b : \infty\,c)$, qui ont m plus grand que 1 ;

3. Les faces du prisme vertical primitif $(a:b:\infty c)$;

4. Les faces des prismes verticaux $(a:m\,b:\infty c)$;

5. La seconde face latérale $(\infty a:b:\infty c)$.

Cette zone correspond entièrement avec la zone horizontale du quatrième système cristallin.

II. *Zone verticale dont l'axe est parallèle au deuxième axe secondaire.*

Dans cette zone sont placées :

1. La première face latérale $(a:\infty b:c)$;

2. Les faces obliques antérieures $(a:\infty b:m c)$, qui ont m plus grand que 1;

3. La face terminale oblique du prisme oblique antérieur primitif $(a:\infty b:c)$;

4. Les faces terminales obliques antérieures $(a:\infty b:m c)$ qui ont m plus petit que 1;

5. La base $(\infty a \infty b:c)$;

6. Les faces terminales obliques postérieures $(a':\infty b:m c)$, qui ont m plus petit que 1;

7. Les faces terminales obliques du prisme oblique postérieur primitif $(a':\infty b:c)$;

8. Les faces terminales obliques postérieures $(a':\infty b:m c)$, qui ont m plus grand que 1.

Il n'existe qu'une zone verticale de cette espèce, elle coïncide entièrement avec la zone verticale de la première face latérale du quatrième système cristallin. Il n'existe pas non plus d'autres zones verticales d'espèces différentes, car dans ce système il ne se présente pas de faces qui soient placées symétriquement sur les faces latérales des prismes verticaux, ou sur la seconde face latérale, en exceptant cependant quelques genres minéraux dans lesquels $\delta = 90°$.

III. *Zone diagonale de la face terminale oblique.*

Dans la zone diagonale de la base de la forme primitive, dont l'axe est parallèle à la diagonale oblique ou au premier axe secondaire de cette forme primitive, sont placées :

1. La base de la forme primitive $(\infty\, a : \infty\, b : c)$; les faces des prismes obliques qui correspondent aux seconds prismes horizontaux du quatrième système cristallin, savoir :

2. Les faces des prismes $(\infty\, a : b : c)$, qui ont m plus grand que 1;

3. Les faces du prisme $(\infty\, a : b : a)$;

4. Les faces des prismes $(\infty\, a : m\, b : c)$, qui ont m plus petit que 1;

5. La deuxième face latérale.

Cette zone correspond à la zone verticale des secondes faces latérales du système précédent.

Chacune des autres faces terminales obliques

donne une zone diagonale analogue, les axes de ces zones sont toujours parallèles aux diagonales obliques des faces terminales. Ces zones correspondent aux premières zones d'arêtes du quatrième système.

IV. *Premières zones d'arétes dont les axes sont parallèles aux arétes de combinaison d'une face terminale oblique et de la face d'un prisme vertical.*

La zone d'arête de la base de la forme primitive ($\infty\, a : \infty\, b : c$) et du prisme vertical primitif ($a : b : \infty\, c$), dont l'axe, par conséquent, se trouve parallèle à une arête latérale de la forme primitive, comprend :

1. Les faces du prisme vertical primitif ($a : b : \infty\, c$);

2. Les faces des prismes obliques antérieurs ($a : b : m\, c$), qui ont m plus grand que 1;

3. Les faces du prisme oblique antérieur primitif ($a : b : c$);

4. Les faces des prismes obliques antérieurs ($a : b : m\, c$), qui ont m plus petit que 1;

5. La base de la forme primitive ($\infty\, a : \infty\, b : c$);

6. Les faces des prismes obliques postérieurs ($a' : b : m\, c$), qui ont m plus petit que 1;

7. Les faces du prisme oblique postérieur primitif ($a' : b : c$);

8. Les faces des prismes postérieurs obliques (a' : b : m c), qui ont m plus grand que 1.

Il existe deux zones de cette espèce, elles coïncident avec les zones verticales du prisme primitif du quatrième système cristallin. Il existe d'ailleurs autant de zones d'arêtes différentes que les différentes faces terminales obliques peuvent former d'arêtes de combinaisons différentes avec les différents prismes verticaux.

V. *Secondes zones d'arêtes.*

Les axes de ces zones sont parallèles aux secondes arêtes terminales de la forme primitive ou des autres octaèdres du cinquième système ; ces zones comprennent :

1. Les premières faces latérales ;

2. Les faces des prismes obliques antérieurs (m a : b : c), qui ont m plus petit que 1 ;

3. Les faces des prismes obliques antérieurs de la forme primitive (a : b : c) ;

4. Les faces des prismes obliques antérieurs (m a : b : c), qui ont m plus grand que 1 ;

5. Les faces du prisme oblique (∞ a : b : c) ;

6. Les faces des prismes obliques postérieurs (m a : b : c) qui ont m plus petit que 1 ;

La forme primitive admet deux secondes zones d'arêtes semblables ; chacun des octaèdres du cinquième système en admet également deux. Ces zones correspondent aux deuxièmes zones d'arêtes du quatrième système cristallin, mais elles ne se présentent dans le cinquième système que très-peu développées, et souvent même elles manquent entièrement.

VI.

SIXIEME SYSTÈME CRISTALLIN.

Les formes du sixième système cristallin ont trois axes qui sont tous inégaux et obliques les uns sur les autres. Un de ces axes est pris pour axe primitif, les deux autres sont pris pour premier et deuxième axe secondaire; la position des axes est tout à fait arbitraire, elle ne peut être déterminée ici par leur propre disposition ni par aucune règle établie d'avance. L'axe pris pour axe principal est marqué par c; le premier axe secondaire, par a; enfin le second axe secondaire, par b.

Sous le rapport de l'inégalité des axes, on peut comparer les formes de ce système cristallin à celles du quatrième et du cinquième système, à cause de l'obliquité des trois axes les uns sur les autres; le défaut de symétrie, qui dans le cinquième système cristallin n'a lieu que dans le sens des deux axes a et c, a encore lieu dans le sixième système dans le sens des axes a et b

et *a* et *c*. Les formes du sixième système cristallin n'ont, par conséquent, pas de faces symétriques. Toutes les faces sont uniques, de sorte que ce système est celui qui diffère le plus du système régulier, dans lequel on rencontre la plus grande symétrie, à cause de l'égalité et de la perpendicularité des axes.

Les formes du sixième système ont leurs faces ou inclinées à la fois vers les trois axes, ou inclinées vers deux axes et parallèles au troisième, ou enfin inclinées vers un seul axe et parallèles aux deux autres.

I. *Formes dont les faces sont inclinées vers les trois axes.*

Ces formes sont des octaèdres (*fig.* 107). Leurs huit faces sont, en exceptant les faces parallèles, toutes inégales entre elles; il en est de même des douze arêtes et des six angles.

Les faces sont, par conséquent, de quatre espèces, ce sont des triangles scalènes. Les arêtes sont de six espèces : l'arête terminale antérieure D est différente de l'arête terminale postérieure D'; l'arête terminale F de droite est différente de l'arête terminale de gauche F'; l'arête latérale de droite G est différente de l'arête de gauche G'; les angles de trois espèces et formés par quatre

arêtes inégales, aussi bien l'angle terminal C
que le premier angle latéral A et le second angle
latéral B.

Les sections faites par les arêtes terminales D
et F, ainsi que celles faites par les arêtes latérales G, sont des parallélogrammes.

Si parmi le grand nombre d'octaèdres que l'on
peut souvent construire dans un même genre
minéral, on en choisit un pour forme primitive,
les axes de tous les autres se trouvent encore en
rapports rationnels et simples avec les axes de
cette forme primitive, bien que ces octaèdres,
comme ceux du cinquième système, ne soient
pas des figures régulières, et que même dans ce
cas ils soient formés par quatre espèces de faces.
On peut, à cause de cela, rencontrer toutes ces
faces isolées, ou quelques unes seulement d'entre elles en combinaison avec les autres formes
du système. La notation de la forme primitive
est :

$$(a : b : c)$$

On peut distinguer par des accents chacune
des quatre faces différentes dont cette forme se
compose. Ainsi :

$(a:b:c)$ représentera la face supér. antér. de droite;
$(a' : b : c)$ «   «   « postér.   «
$(a' : b' : c)$ «   «   «   de gauche ;
$(a : b' : c)$ «   «   « antér.   «

Quant à la notation des octaèdres ayant différents axes, elle est la même que dans le système précédent.

Pour déterminer la forme primitive, il faut, outre la valeur des trois axes, donner celle des trois angles sous lesquels ces axes se coupent. Mais pour déterminer tous ces éléments, il faut mesurer au moins cinq angles plans du cristal, ce qui rend leur détermination encore plus difficile et plus incertaine que dans le cinquième système.

II. *Formes dont les faces sont inclinées vers deux axes et parallèles au troisième.*

Ce sont, comme dans le cinquième système :

1. *Le prisme vertical*, dont les faces sont parallèles à l'axe principal;

2. *Le premier prisme horizontal*, qui a ses faces parallèles au deuxième axe secondaire;

3. *Le deuxième prisme horizontal*, qui a ses faces parallèles au premier axe secondaire.

Tous ces prismes ont, au reste, les mêmes dispositions que les premiers prismes horizontaux du système précédent. Leur section droite est un parallélogramme. Ils ont deux espèces de faces qui peuvent, par conséquent, se présenter isolées en combinaison avec d'autres faces. On doit distinguer par des accents les deux espèces de faces de chaque prisme. Ainsi :

Pour la forme primitive,

La face de troncature de l'arête G sera représentée par $(a : b : \infty c)$

«   «   «   G' $(a : b' : \infty c)$

Pour le premier prisme vertical,

La face de troncature de l'arête D sera représentée par $(a : \infty b : c)$

«   «   «   D' $(a' : \infty b : c)$

Pour le deuxième prisme vertical,

La face de troncature de l'arête F sera représentée par $(\infty a : b : c)$

«   «   «   F' $(\infty a : b' : c)$

On représentera de la même manière les prismes qui correspondent aux arêtes des autres octaèdres du sixième système.

III. *Formes qui ont leurs faces inclinées vers un axe seulement.*

Ces formes sont les faces de troncature des trois espèces d'angles de l'octaèdre ; ce sont :

1. La première face latérale $(a : \infty b : \infty c)$, qui est la troncature de l'angle A ;

2. La seconde face latérale $(\infty a : b : \infty c)$, qui est la face de troncature de l'angle B ;

3. La face terminale $(\infty a : \infty b : c)$, qui est la face de troncature de l'angle C.

Toutes ces faces sont obliques sur les axes. Elles présentent le même aspect que les faces isolées des prismes, et c'est le choix de la forme primitive qui décide la manière dont on doit les considérer.

On rencontre un grand nombre de genres minéraux qui appartiennent à ce système cristallin; leurs cristaux sont souvent très-compliqués. L'Axinite en présente un exemple très-remarquable; la *fig.* 108 représente une de ses combinaisons les plus simples. Si dans cette dernière combinaison l'on considère les faces g et g' comme les faces du prisme vertical de la forme primitive, la face a comme la première face latérale, c comme la base, o comme une face de la forme primitive, alors $2\,d$ se trouve être une face d'un second prisme vertical, et la notation des différentes faces est la suivante :

$$o = (a : b' : c)$$
$$c = (\infty\, a : \infty\, b : c)$$
$$g' = (a : b' : \infty\, c)$$
$$g = (a : b : \infty\, c)$$
$$a = (a : \infty\, b : \infty\, c)$$
$$2\,d = (a' : \infty\, b : 2\, c)$$

Les zones de ce système sont entièrement semblables à celles du système précédent.

TABLEAU

DES SUBSTANCES MINÉRALES CRISTALLISÉES,

CLASSÉES D'APRÈS LEURS FORMES CRISTALLINES.

AVERTISSEMENT.

Ce tableau est divisé en six parties, qui se rapportent aux six systèmes cristallins ; chacune de ces parties se compose de deux colonnes ; dans la première se trouvent les noms des minéraux, et dans la seconde leurs formules chimiques. Les minéraux y sont rangés d'après le système chimique que M. Berzelius a proposé dans la seconde édition de son ouvrage sur l'emploi du chalumeau (et dans les *Annales de Poggendorf*, tome XII). On a cependant fait quelques changements qui consistent en ce que tous les minéraux isomorphes ont été rassemblés ensemble, et que les minéraux ayant le même élément électro-négatif, ont été classés d'après le nombre d'atomes de cet élément. Cette dernière classification a été rejetée par M. Berzelius, qui a ordonné d'après leurs bases les minéraux ayant le même élément électro-négatif. Quelque bien fondées que soient les raisons qui ont déterminé M. Berzelius à adopter cette classification, elle ne pouvait pas être employée ici, car les minéraux ayant le même élément électro-positif ne pouvaient pas rester ensemble, puisque, d'après leurs formes cristallines, ils devaient être rangés dans les différentes parties de la table, dans les systèmes cristallins auxquels ils appartiennent.

Chaque grande division de la table renferme donc les mêmes subdivisions ; celles-ci sont formées par les corps simples, les combinaisons du Tellure, de l'Antimoine, de l'Arsenic, du Chlore, du Fluor, du Soufre, du Sélénium, les oxides; souvent, dans une même grande division il manque plusieurs de ces subdivisions.

Les chiffres romains de la première colonne se rapportent aux genres minéralogiques (*genera*): les chiffres arabes se rapportent aux espèces (*species*): un genre comprend tous ces minéraux isomorphes; les espèces se rapportent aux différentes compositions chimiques que présente un même genre minéral, et qui très-souvent se montrent par des petites différences d'angles dans la forme cristalline. On conçoit facilement que les espèces des genres minéralogiques qui ne sont composées que de corps simples ou de combinaisons du premier ordre, doivent différer davantage dans leurs propriétés que les espèces formées par des combinaisons du second ou du troisième ordre. Ces dernières présentent un grand nombre de genres dont la composition chimique varie à l'infini, les éléments isomorphes se remplaçant l'un l'autre en toutes proportions. C'est ce qui arrive dans les combinaisons de l'acide phosphorique pour le Phosphate de chaux, dans les combinaisons de l'acide carbonique pour le Carbonate de chaux. Cela a lieu également dans les différents Grenats, dans les Pyroxènes et les Amphiboles. Dans ce cas, il est bien difficile de déterminer les espèces, et il faut se résoudre à ne présenter que quelques unes de ces espèces, celles qui sont les plus tranchées.

Je me suis attaché autant que possible à présenter dans ce tableau tous les minéraux cristallisés connus; cependant on s'apercevra qu'il en manque plusieurs. Quelques uns ont été supprimés parce qu'il était difficile de décider s'il fallait les regarder comme des minéraux ou comme des cristaux artificiels, quoiqu'ils aient été considérés comme minéraux par plusieurs minéralogistes; d'autres ont été supprimés parce qu'il me semblait douteux qu'ils formassent des genres particuliers. La plupart des genres et des espèces minéralogiques qui sont rapportés dans ce tableau ont été examinés par moi-même; quant à ceux que je n'ai pas vus moi-même, ou dont je n'ai pas eu à ma disposition d'échantillons assez bien déterminés pour fixer leurs formes cristallines, je les ai rapportés dans ce tableau en mettant à côté, entre deux parenthèses, et en lettres italiques, les noms des minéralogistes qui les ont décrits.

Les formules chimiques de la seconde colonne ont été tirées de l'ouvrage de M. Berzelius que nous avons mentionné plus haut; j'y ai joint cependant les formules des minéraux analysés depuis, que j'ai extraites du recueil annuel que publie M. Berzelius. Je me suis permis de faire quelques changements dans un petit nombre de ces formules, mais dans ce cas j'ai toujours mis un chiffre qui renvoie aux notes qui font suite à ce tableau, et où je donne les raisons qui m'ont déterminé à adopter ces changements. On remarquera aussi d'autres chiffres placés dans la première colonne, derrière le nom du minéral. Cela a lieu toutes les fois que, d'après mes propres mesures, le cristal appartient à un système cristallin différent de celui dans lequel on le range ordinairement, ou toutes les fois que j'ai des remarques particulières à faire sur ce cristal. Ces chiffres renvoient aussi aux notes qui font suite à ce tableau. Les points d'interrogation qui sont joints aux noms des minéraux ou à leurs formules chimiques, indiquent que les systèmes cristallins de ces minéraux ou que leurs formules chimiques ne sont pas, jusqu'à présent, déterminés avec assez de certitude. Quant aux minéraux dont on ne connaît que les éléments constituants sans connaître les proportions de ces éléments, on a réuni à côté l'un de l'autre les signes qui représentent

ces éléments entre deux parenthèses, et en les séparant par
des virgules. La lacune qui se trouve dans la seconde colonne en face d'un minéral indique que jusqu'à présent on
ne connaît encore rien sur sa composition chimique.

TABLEAU

DES

SUBSTANCES MINÉRALES CRISTALLISÉES.

———

I.

SYSTÈME CRISTALLIN RÉGULIER.

A. *Formes homoédriques.*

1. Cuivre..........	Cu
2. Argent..........	Ag
3. Or.............	Au
4. Or argentifère (Gold-silber)..........	(Au, Ag)
5. Platine..........	Pt
6. Mercure argental (Amalgam)......	Ag.Hg^2
II.	1. Bismuth..........	Bi
III.	1. Fluorure de Calcium.	Ca F
IV.	1. Sel gemme........	Na Cl
V.	1. Chlorure d'argent...	Ag Cl
VI.	1. Arséniure de Cobalt (Speiskobalt).....	Co As^2
VII.	1. Sulfure de Manganèse (*Mohs*)..........	Mn

VIII.	1.	Sulfure de Plomb, Galène..........	$\dot{P}b$
	2.	Séléniure de Plomb.	$Pb\,Se$
	3.	Séléniure de Plomb et de Cobalt.......	$(\,Pb\,,\,Co\,)\,Se$
	4.	Séléniure de Plomb et de Mercure.......	$(\,Pb\,,\,Hg\,)\,Se$
	5.	Séléniure de Plomb et d'Argent........	$(\,Pb\,,\,Ag\,)\,Se$
IX.	1.	Sulfure d'Argent....	$\dot{A}g$
X.	1.	Cuivre panaché.....	$\dot{C}u^2\,Fe$
XI.	1.	Étain pyriteux (Zinn-kies) (*Haid.*)....	$\dot{C}u\,\dot{S}n$
XII.	1.	Sulfure de Cobalt...	$\overset{...}{C}o$
XIII.	1.	Oxidule de Cuivre..	$\dot{C}u$
XIV.	1.	Spinelle..........	$\dot{M}g\,\ddot{A}l$
	2.	Ceylanite........	$(\,\dot{M}g\,,\,\dot{F}e\,)\,\ddot{A}l$
	3.	Gahnite, Spinelle zin-cifère..........	$(\,\dot{Z}n\,,\,\dot{M}g\,,\,\dot{F}e\,)\,\ddot{A}l$
	4.	Fer oxidé magnétique.	$\dot{F}e\,\ddot{F}e$
	5.	Franklinite.......	$(\,\dot{F}e\,,\,\dot{Z}n\,)\,(\,\ddot{F}e\,,\,\overset{...}{M}n\,)$
	6.	Fer chrômé.......	$(\,\dot{F}e\,,\,\dot{M}g\,)\,(\,\ddot{C}r\,,\,\ddot{A}l\,)$
XV.	1.	Oxide vert de Chrôme (Uwarowit).....	$\dot{C}r$
XVI.	1.	Acide arsénieux.....	$\overset{...}{A}s$
XVII.	1.	Pyrochlore.........	$\dot{C}a\,,\,\dot{Y}\,,\,\dot{U}\,,\,\ddot{N}$

XVIII. Grenat . . . . $\dot{R}^3\,\dddot{Si} + \ddot{R}\,\dddot{Si}$

    1. Grenat almandin. . . . $(\dot{Fe}^3,\,\dot{Mn}^3)\,\dddot{Si} + \dddot{Al}\,\dddot{Si}$

    2. Grenat kanelstein. . . $(\dot{Ca}^3,\,\dot{Fe}^3)\,\dddot{Si} + \dddot{Al}\,\dddot{Si}$

    3. Grenat grossulaire. . . $\dot{Ca}^3\,\dddot{Si} + (\ddot{Al},\,\dddot{Fe})\,\dddot{Si}$

    4. Grenat commun. . . . $(\dot{Ca}^3,\,\dot{Fe}^3,\,\dot{Mn}^3)\,\dddot{Si}$
                      $+ (\dddot{Al},\,\dddot{Fe})\,\dddot{Si}$

    5. Grenat mélanite. . . . $(\dot{Ca}^3,\,\dot{Fe}^3,\,\dot{Mn}^3)\,\dddot{Si} + \dddot{Al}\,\dddot{Si}$

    6. Grenat manganésien. $(\dot{Mn}^3,\,\dot{Fe}^3)\,\dddot{Si} + \dddot{Al}\,\dddot{Si}$

    7. Grenat rothoffitte. . . $(\dot{Ca}^3,\,\dot{Mn}^3)\,\dddot{Si} + \dddot{Fe}\,\dddot{Si}$

XIX.   1. Pyrope (1). . . . . $\dot{Fe},\,\dot{Ce},\,\dot{Mg},\,\dot{Mn},\,\dddot{Si},\,\dddot{Cr}$

XX.   1. Cancrinite. (2). . . . . $\dot{Na},\,\dddot{Al},\,\dddot{Si}$

XXI.   1. Amphigène, Leucite. $\dot{K}^3\,\dddot{Si}^2 + 3\,\dddot{Al}^3\,\dddot{Si}^2$

XXII.   1. Analcime. . . . . $\dot{Na}^3\,\dddot{Si}^2 + 3\,\dddot{Al}\,\dddot{Si}^2 + 6\,\dot{H}$

XXIII.   1. Lazulite (Lasurstein). $\dot{Na},\,\dot{Ca},\,\dddot{Al},\,\dddot{Si},\,\dddot{S}$

    2. Haüyne. . . . . $\dot{K},\,\dot{Ca},\,\dddot{Al},\,\dddot{Si},\,\dddot{S}$

    3. Noziane. . . . . $\dot{Na},\,\dddot{Al},\,\dddot{Si},\,\dddot{S}$

XXIV.   1. Sodalite. . . . .

XXV.   1. Alun. . . . . $\dot{K}\,\dddot{S} + \dddot{Al}\,\dddot{S}^3 + 24\,\dot{H}$

B. *Formes hémiédriques.*

(1) A faces inclinées.

XXVI. 1. Diamant. C

XXVII. 1. Sulfure de Zinc,
           Blende. . . . . $\dot{Zn}$

XXVIII. 1. ...⎰(Kupferfahlerz)(3) $(\dot{Fe}^4, \dot{Zn}^4)(\overset{...}{Sb}, \overset{...}{As})$
Cuivres gris. ⎱ $+ 2\,\dot{Cu}^4\,(\overset{...}{Sb}, \overset{...}{As})$
  2. ...⎱(Silberfahlerz....   ....

XXIX.   1. Arséniate de fer cubi-
      que (Wurfelerz)... $\dot{Fe}^3\,\overset{...}{As} + \dot{Fe}^3\,\overset{...}{As}^2 + 18\,\overset{..}{H}$

XXX.   1. ...(Wismuthblende). $6\,\overset{..}{Bi}\,\overset{...}{Si}^2 + (\overset{..}{Bi},\overset{..}{Fe})\,\overset{...}{P} + \dot{Bi}\,F$

XXXI.   1. Helwine.......... $3\,\dot{Mn}\,\dot{Mn} + \dot{Mn}^3\,\overset{...}{Si}^2$
                              $+ 2\,(\overset{..}{Be}\,\overset{...}{Si} + \dot{Fe}\,\overset{...}{Si})$

XXXII. 1. Borate de Magnésie,
      Boracite........ $\dot{Mg}^2\,\overset{...}{Bo}$

(2) A faces parallèles.

XXXIII. 1. Pyrite ordinaire.... $\overset{..}{Fe}$

XXXIV. 1. Cobalt gris (Kobalt-
      glanz)......... $(Co, Fe)\,S^2 + (Co, Fe)\,As^2$

   2. Nickel gris (Nickel-
      glanz)......... $Ni\,S^2 + Ni\,As^2$

   3. Antimonio-sulfure de
      Nickel (Nickelspies-
      glanzerz) (4)..... $Ni\,S^2 + Ni\,Sb^2$

II.

2e SYSTÈME CRISTALLIN.

A. *Formes homoédriques.*

I.	1. Tellurure d'Or et de Plomb (Blättererz) (*Phillips*)........	(Pb , Au , Te)
II.	1. Cryolite (?)........	$3\ Na\ F + Al\ F^3$
III.	1. Protochlorure de Mercure.	$Hg\ Cl$
IV.	1. Braunite , Deutoxide de Manganèse anhydre..........	$\overset{...}{Mn}$
V.	1. Hausmannite(5), Oxide rouge de Manganèse anhydre.....	$\overset{.}{Mn} + \overset{..}{Mn}$
VI.	1. Oxide d'Étain......	$\overset{..}{Sn}$
	2. Rutile , Acide titanique.............	$\overset{..}{Ti}$
VII.	1. Anatase..........	$\overset{..}{Ti}$ (?)
VIII.	1. Chloro-carbonate de Plomb(Hornbleierz) (*Brooke*)........	$Pb\ Cl + \overset{.}{Pb}\ \overset{..}{C}$
IX.	1. Phosphate d'Yttria (*Haidinger*).....	$\overset{.}{Y}{}^3\ \overset{...}{P}$
X.	1. Uranite , Phosphate d'Urane et de Chaux.	$\overset{.}{Ca}{}^3\ \overset{..}{P} + 2\ \overset{...}{U}\ \overset{...}{P} + 24\ \overset{.}{H}$

	2. Chalcolite, Phosphate d'Urane et de Cuivre.	$\dot{C}u^3\,\dddot{P} + 2\,\ddot{U}\dddot{P} + 24\,\dot{H}$
XI.	1. Zircon............	$\ddot{Z}r\,\ddot{S}i$
XII.	1. Idocrase.........	$\dot{C}a^3\,\dddot{S}i + (\ddot{A}l,\ddot{F}e)\,\dddot{S}i$ comme le Grenat.
XIII.	1. Mellilite (*Phillips*)...	$\dot{C}a,\,\dot{M}g,\,\ddot{F}e,\,\dddot{S}i$
XIV.	1. Gehlenite (?).......	$2\,\dot{C}a^3\,\ddot{S}i + (\ddot{A}l^2,\ddot{F}e^2)\,\dddot{S}i$
XV.	1. Wernerite (6), Paran- thine...........	$(\dot{C}a^3,\dot{N}a^3)\,\dddot{S}i^2 + 2\,\ddot{A}l\,\dddot{S}i$
XVI.	1. Apophyllite.......	$\dot{K}\,\dddot{S}i^2 + 8\,\dot{C}a\,\ddot{S}i + 16\,\dot{H}$
XVII.	1. Humboldtilite......	$\dot{C}a,\,\dot{M}g,\,\dddot{S}i$
XVIII.	1. Sommervillite (*Brooke*)........	....
XIX.	1. Mellite (Honigstein).	$\ddot{A}l\,\overline{M}^3 + 18\,\ddot{H}$

B. *Formes hémiédriques.*

(1) A faces inclinées.

XX.	1. Pyrite cuivreuse (Kup- ferkies)..........	$\dot{C}u\,\dddot{F}e$
XXI.	1. Edingtonite (*Haid.*).	$\dot{C}a,\,\ddot{A}l,\,\dddot{S}i,\,\dot{H}$

(2) A faces parallèles.

XXII.	1. Fergusonite (*Haid.*).	$(\dot{Y}^6,\dot{C}e^6)\,\dddot{T}a$
XXIII.	1. Tungstate de Chaux.	$\dot{C}a\,\dddot{W}$
	2. Tungstate de Plomb (*Lévy*).........	$\dot{P}b\,\dddot{W}$
	3. Molybdate de Plomb.	$\dot{P}b\,\ddot{M}$
XXIV.	1. Sarcolite (*Brooke*)...	....

III.

3e SYSTÈME CRISTALLIN.

A. *Formes homoédriques.*

I.	1. Palladium (?)	Pa (?)	
II.	1. Osmiure d'Iridium . . .	Ir , Os	
III.	1. Graphite	C, comme le Diamant.	
IV.	1. Fluorure de Cérium .	Ce F	
V.	1. Pyrite magnétique . . .	$\dot{F}e$ (?)	
VI.	1. Sulfure de Molybdène.	$\dddot{M}o$	
VII.	1. Phosphate de Chaux de Ehrenfrieders-dorf, Apatite	$Ca\ F + 3\ \dot{C}a^3\ \ddot{\dot{P}}$	
	2. Phosphate de Chaux de Snarum, Apatite.	$Ca\,(\,Gl\,,\ F\,) + 3\ \dot{C}a^3\ \ddot{\dot{P}}$	
	3. Phosphate de Plomb de Freiberg	$(\,Pb\ Gl,\ Ca\,F\,)$	
		$+\ 3\,(\dot{P}b^3,\ \dot{C}a^3\,)\ \ddot{\dot{P}}$	
	4. Phosphate de Plomb de Zschoppau	$Pb\ Gl + 3\ \dot{P}b^3\ \ddot{\dot{P}}$	
	5. Arséniate de Plomb de J. Georgenstadt . . .	$Pb\ Gl + 3\ \dot{P}b^3\ \ddot{\dot{A}}s$	
VIII.	1. Vanadate de Plomb.	$Pb\ Gl\ \dot{P}b^2 + 3\ \dot{P}b^2\ \dddot{V}$	
IX.	1. Quartz	$\dddot{S}i$	
X.	1. Mica à un axe (Einaxiger Glimmer) . . .	$\dot{K},\ \dot{M}g,\ \ddot{A}l,\ \dot{F}e,\ \dddot{S}i$	

XI.	1.	Talc.............	$\dot{M}g ,\ \ddot{S}i$
XII.	1.	Chlorite.........	$\dot{M}g ,\ \dot{F}e ,\ \ddot{A}l ,\ \ddot{S}i ,\ \dot{H}$
XIII.	1.	Néphéline (7)......	$\dot{N}a^3\, \ddot{S}i + 3\, \ddot{A}l\, \ddot{S}i$
	2.	Davyne..........	$\dot{K}^3\, \ddot{S}i + 3\, \ddot{A}l\, \ddot{S}i$
XIV.	1.	Émeraude........	$\ddot{B}e\, \ddot{S}i^4 + 2\, \ddot{A}l\, \ddot{S}i^2$
XV.	1.	Cronstedtite......	$\dot{M}g ,\ \dot{F}e ,\ \dot{M}n ,\ \ddot{F}e ,\ \ddot{S}i ,\ \dot{H}$
XVI.	1.	Gmelinite (*Brewster*).	$\dot{N}a ,\ \dot{C}a ,\ \ddot{A}l ,\ \ddot{S}i ,\ \dot{H}$
XVII.	1.	Pyrosmalite.......	$Fe\, Cl^3 + \ddot{F}e\, \dot{H}^6$
			$+ 4\,(\dot{F}e^3,\ \dot{M}n^3)\, \ddot{S}i^2$
XVIII.	1.	Sulfate de fer du Chili.	$\ddot{F}e\, \ddot{S}^3 + 9\, \dot{H}$

B. *Formes hémiédriques.*

XIX.	1.	Tellure..........	**Te**
	2.	Antimoine........	**Sb**
	3.	Arsenic.........	**As**
XX.	1.	Tétradymite.......	$2\ \mathbf{Bi\ Te^3 + Bi\ S^2}$
XXI.	1.	Sulfure de Mercure, Cinnabre........	$\dot{H}g$
XXII.	1.	Sulfure d'Argent et d'Antimoine, Argent rouge foncé.......	$\dot{A}g^3\, \ddot{S}b$
	2.	Sulfure d'Argent et d'Arsenic, Argent rouge clair.......	$\dot{A}g^3\, \ddot{A}s$
XXIII.	1.	Polybasite........	$\dot{C}u^9\,(\ddot{S}b,\ \ddot{A}s)$
			$+ 4\, \dot{A}g^9\,(\ddot{S}b,\ \ddot{A}s)$

XXIV. 1. Corindon . . . . $\overset{\cdot\cdot\cdot}{Al}$

      2. Fer oligiste . . . . $\overset{\cdot\cdot\cdot}{Fe}$

      3. Titanate de Fer d'A-rendal . . . . $(\overset{\cdot\cdot\cdot}{Fe},\ \overset{\cdot}{Fe}\,\overset{\cdot\cdot}{Ti}\,)$

      4. Ilmenite . . . . $(\overset{\cdot}{Fe}\,\overset{\cdot\cdot}{Ti},\ \overset{\cdot\cdot\cdot}{Fe}\,)$

XXV. 1. Crichtonite . . . .

XXVI. 1. Mohsite (*Lévy*) . . . .

XXVII. 1. Carbonate de Chaux. $\overset{\cdot}{Ca}\ \overset{\cdot\cdot}{C}$

      2. Dolomie . . . . $\overset{\cdot}{Ca}\ \overset{\cdot\cdot}{C} + \overset{\cdot}{Mg}\ \overset{\cdot\cdot}{Ca}$

Carbonates de Magnésie.

      3. . . . . ⎧ (Talkspath) . . . $(\overset{\cdot}{Mg},\ \overset{\cdot}{Fe})\ \overset{\cdot\cdot}{C}$

      4. . . . . ⎨ (Mésitinspath) (*Breithaupt*). $(\overset{\cdot}{Fe},\ \overset{\cdot}{Mg})\ \overset{\cdot\cdot}{C}$

      5. Carbonate de Manganèse . . . . $(\overset{\cdot}{Mn},\ \overset{\cdot}{Ca})\ \overset{\cdot\cdot}{C}$

      6. Carbonate de Fer, Fer spathique . . . . $(\overset{\cdot}{Fe},\ \overset{\cdot}{Mn})\ \overset{\cdot\cdot}{C}$

      7. Carbonate de Zinc . . $\overset{\cdot}{Zn}\ \overset{\cdot\cdot}{C}$

XXVIII. 1. Arséniate de Cuivre rhomboédrique (Kupferglimmer) (*Phillips*) . . . . $\overset{\cdot}{Cu},\ \overset{\cdot\cdot\cdot}{As},\ \overset{\cdot}{H}$

XXIX. 1. Nitrate de Soude . . . . $\overset{\cdot}{Na}\ \overset{\cdot\cdot\cdot}{N}$

XXX. 1. Chabasie (8) . . . . . . $(\overset{\cdot}{Ca}{}^{3},\ \overset{\cdot}{Na},\ \overset{\cdot}{K}{}^{3})\ \overset{\cdot\cdot}{Si}{}^{2}$

               $+ 3\,\overset{\cdot\cdot\cdot}{Al}\ \overset{\cdot\cdot}{Si}{}^{2} + 18\,\overset{\cdot}{H}$

XXXI. 1. Lévyne (9) . . . .

15.

xxxii. 1. Sideroschisolite..... $\dot{Fe}, \dddot{Al}, \ddot{Si}, \dot{H}$

xxxiii. 1. Dioptase.......... $\dot{Cu}^3 \dddot{Si}^2 + 3\dot{H}$

xxxiv. 1. Phénakite (*Nordens-kiöld*)........... $\dddot{Be}\, \dddot{Si}^2$

xxxv. 1. Wilhelmite........ $\dot{Zn}\, \ddot{Si}$

xxxvi. 1. Tourmaline........ $\dot{K}, \dot{L}, \dot{Na}, \dot{Mg}, \dot{Fe}, \dddot{Al},$
$\dddot{Si}, \dddot{Bo}$

xxxvii. 1. Eudyalite .... $Na\,Gl + (\dot{Na}^3\dddot{Si}^2 + \dot{Ca}^3\dddot{Si}^2$
$+ \ddot{Zr}\dddot{Si} + \dddot{Fe}\dddot{Si})$

xxxviii. 1. Alunite (10)....... $\dot{K}^3\dddot{Si} + 12\,\dddot{Al}\,\ddot{S} + 24\dot{H}\,(?)$

IV.

4ᵉ SYSTÈME CRISTALLIN.

I.   1. Tellurure d'Or, d'Argent et de Plomb (Weisstellurerz) (*Brooke*)........ $\dot{P}b$, Au, $\dot{A}g$, Te

II.   1. Arséniure de Nickel (Kupfernickel) (*Breithaupt*)..... $Ni\,As$

III.   1. Antimoniure d'Argent. $Ag^2\,Sb$

IV.   1. Arséniure de Fer (*Mohs*)......... $Fe\,As^2$

V.   1. Fluellite (*Wollaston*). A, F

VI.   1. Soufre............ S

VII.   1. Sulfure de Cuivre (Kupferglanz).... $\dot{C}u$

    2. Sulfure de Cuivre et d'Argent (Silberkupferglanz)........ $\dot{C}u\,\dot{A}g$

VIII.   1. Sulfure de Bismuth (*Phillips*)....... $\overset{\prime\prime\prime}{Bi}$

IX.   1. Sulfure d'Antimoine. $\overset{\prime\prime\prime}{Sb}$

    2. Orpiment (11)...... $\overset{\prime\prime\prime}{As}$

X.   1. Zinkenite......... $\dot{P}b\,\overset{\prime\prime\prime}{Sb}$

XI.   1. Bournonite........ $\dot{C}u^3\,\overset{\prime\prime\prime}{Sb} + 2\,\dot{P}b^3\,\overset{\prime\prime\prime}{Sb}$

Sulfures d'Antimoine et d'Argent.

XII.	1.	(Sprödglaserz).	$\dot{A}g^6\; \ddot{\ddot{S}}b$
XIII.	1.	(Schilfglaserz).	$\dot{A}g\, ,\; \ddot{\ddot{S}}b$
XIV.	1. Pyrite blanche (Speer-kies)...........	$\ddot{F}e$, comme la Pyrite.
XV.	1. Sternbergite.......	$Fe\, ,\; Ag\, ,\; S$
XVI.	1. Arsénio-sulfure de Fer (Arsenikkies).....	$Fe\, S^2 + Fe\, As^2$, comme le Cobalt gris.
XVII.	1. Atakamite, Oxichlo-rure de Cuivre....	$\dot{C}u\, Gl + 3\, \dot{C}u + 4\, \dot{H}$
XVIII.	1. Manganite, Deutoxide de Manganèse hy-draté..........	$\ddot{\ddot{M}}n\; \dot{H}$
XIX.	1. Tantalite (*Nordens-kiöld*)...........	$\dot{F}e\; \ddot{\ddot{T}}a$
XX.	1. Acide antimonieux (Weissspiesglanzerz)	$\ddot{\ddot{S}}b$
XXI.	1. Pyrolusite........	$\ddot{M}n$
XXII.	1. Polymignite.......	$\ddot{T}i\, ,\ddot{Z}r\, ,\dot{F}e\, ,\dot{Y}\, ,\dot{C}e\, ,\dot{C}a\, ,\dot{M}n$
XXIII.	1. Aeschynite....	$\ddot{Z}r\, ,\; \ddot{T}i$
XXIV.	1. Brookite.........	$\ddot{T}i\, ,\; ....$
XXV.	1. Carbonate de Baryte (Witherit).......	$\dot{B}a\; \ddot{C}$
	2. Carbonate de Stron-tiane (Strontianite).	$\dot{S}r\; \ddot{C}$
	3. Arragonite....	$\dot{C}a\; \ddot{C}$, comme le Carbo-nate de Chaux.

4. Carbonate de Plomb. $\dot{P}b\,\ddot{C}$

XXVI. 1. Wawellite, Phosphate d'Alumine . . . . $\ddot{Al}^4\,\dddot{P}^3 + 36\,\dot{H}$

Arséniates de Cuivre prismatiques.

XXVII. 1. . . . . ⎰ Olivenite (12). $\dot{C}u^4\,(\dddot{As},\,\dddot{P}) + 1\,\dot{H}$

    2. . . . . ⎱ Libethenite . . . $\dot{C}u^4\,\dddot{As} + 2\,\dot{H}\,(?)$

XXVIII. 1. . . . . ⎰ Euchroïte . . . $\dot{C}u^4\,\dddot{As} + 8\,\dot{H}$

XXIX. 1. Haidingerite (*Haid.*). $\dot{C}a^2\,\dddot{As} + 4\,\dot{H}$

XXX. 1. Scorodite (13). . . . . . $\dot{F}e^2\,\dddot{As} + 2\,\ddot{F}e\,\dddot{As} + 12\,\dot{H}$

XXXI. 1. . . . (Linsenerz). . . . . . $\dot{C}u,\ddot{Al},\ddot{F}e,\dddot{As},\dddot{P},\dot{H}$

XXXII. 1. . . . (Lazulith) (*Phil.*). $\dot{M}g,\dot{F}e,\ddot{Al},\dddot{P},\dot{H}$

XXXIII. 1. Childrenite. . . . . . . $\ddot{Al},\ddot{F}e,\dddot{P}$

XXXIV. 1. Nitrate de Potasse. . $\dot{K}\,\ddot{N}$

XXXV. 1. Staurotide. . . . . $(\ddot{Al}^4,\ddot{F}e^4)\,\dddot{Si}$

XXXVI. 1. Chrysoberill. . . . . . . $\ddot{Al}^4\,\dddot{Si} + 2\,\ddot{B}e\,\ddot{Al}^4$

XXXVII. 1. Andalousite. . . . . $\ddot{Al},\ddot{Si}$

XXXVIII. 1. Sillimanite (?) (*Phil.*). $\ddot{Al},\ddot{Si}$

XXXIX. 1. Chrysolite. . . . . $(\dot{M}g^3,\dot{F}e^3)\,\ddot{Si}$

XL. 1. Liévrite. . . . . $\dot{C}a,\dot{F}e,\ddot{F}e,\ddot{Si}$

XLI. 1. Allanite (14). . . . . . . $\dot{C}e,\dot{C}a,\ddot{F}e,\ddot{Si}$

XLII. 1. Hydrosilicate de Zinc. $2\,\dot{Z}n^3\,\dddot{Si} + 3\,\dot{H}$

XLIII. 1. Thompsonite. . . . . . . $\dot{N}a^3\,\ddot{Si} + \ddot{Al}\,\ddot{Si} + 3\,\dot{H}$

$$+ 3(\dot{C}a^3\,\ddot{Si} + \ddot{Al}\,\ddot{Si} + 9\,\dot{H})$$

XLIV.   1. Comptonite........ ... .

XLV.   1. Prehnite......... $\dot{C}a^2\,\ddot{S}i + \ddot{A}l\,\dddot{S}i + \dot{H}$

XLVI.   1. Dichroïte........ $(\dot{M}g^3,\ \dot{F}e^3)\,\ddot{S}i^2 + 3\,\ddot{A}l\,\dddot{S}i$

XLVII.   1. Picrosmine (*Haid.*) . $3\,Mg^3\,\ddot{S}i^2 + \dot{H}$

XLVIII.   1. Pyrophyllite (?).... ....

XLIX.   1. Harmotôme alcaline (15)........... $\Big\{ (\dot{K}^3,\ \dot{C}a^3)\,\ddot{S}i^2 + 3\,\ddot{A}l\,\ddot{S}i^2 + 15\,\dot{H}\ (?) \Big.$

     2. Harmotôme barytique. $\dot{B}a^3\,\ddot{S}i^2 + 3\,\ddot{A}l\,\ddot{S}i^2 + 15\,\dot{H}\,(?)$

L.   1. Desmine, Stilbite (Strahlzéolith)(16) $\dot{C}a\,\ddot{S}i + \ddot{A}l\,\ddot{S}i^3 + 6\,\dot{H}$

LI.   1. Epistilbite........ $(\dot{C}a,\dot{N}a)\ddot{S}i + \ddot{A}l\,\ddot{S}i^3 + 5\,\dot{H}$

LII.   1. Forsterite (*Lévy*)... ....

LIII.   1. Topaze.......... $\ddot{A}l\,Al\,F^3 + 3\,\ddot{A}l\,\ddot{S}i$

LIV.   1. Brochantite .... $\dot{C}u^3\,\ddot{S} + 3\,\dot{H}$

LV.   1. Kœnigite (*Lévy*)... $\dot{C}u,\,\ddot{S}$

LVI.   1. Thenardite........ $\dot{N}a\,\ddot{S}$

LVII.   1. Sulfate de Baryte... $\dot{B}a\,\ddot{S}$

     2. Sulfate de Strontiane. $\dot{S}r\,\ddot{S}$

     3. Sulfate de Plomb.... $\dot{P}b\,\ddot{S}$

LVIII.   1. Anhydrite......... $\dot{C}a\,\ddot{S}$

LIX.   1. Polyhalite (*Haid.*)... $\dot{K}\,\ddot{S} + \dot{M}g\,\ddot{S} + 2\,Ca\,\ddot{S} + 2\,\dot{H}$

LX.   1. Sulfate de Magnésie. $\dot{M}g\,\ddot{S} + 7\,\dot{H}$

V.

5ᵉ SYSTÈME CRISTALLIN.

I.	1.	Or graphique, (Schrifterz) (17)........	Ag, Au, Te
II.	1.	Réalgar..........	$\overset{\prime}{A}s$
III.	1.	Myargyrite........	$\dot{A}g\ \overset{\prime\prime\prime}{S}b$
IV.	1.	Plagionite........	$\overset{\prime}{P}b^4\ \overset{\prime\prime\prime}{S}b^3$
V.	1.	Argent sulfuré flexible (*Brooke*)........	Ag, S
VI.	1.	Hématite brune (Brauneisenstein) (18)..	$\overset{\prime\prime\prime}{F}{}^2\ \dot{H}^3$
VII.	1.	Colombite (19).....	$\overset{\prime}{M}n^3\ \overset{\prime\prime\prime}{T}{}^2 + \dot{F}e^3\ \overset{\prime\prime\prime}{T}a$
VIII.	1.	Carbonate vert de Cuivre, Malachite.	$\dot{C}u^2\ \ddot{C} + \dot{H}$
IX.	1.	Carbonate de Soude.	$\dot{N}a\ \ddot{C} + 10\ \dot{H}$
X.	1.	Gay-Lussite........	$\dot{N}a\ \ddot{C} + \dot{C}a\ \ddot{C} + 6\ \dot{H}$
XI.	1.	Baryto-calcite......	$\dot{B}a\ \ddot{C} + \dot{C}a\ \ddot{C}$
XII.	1.	Carbonate bleu de Cuivre (Kupferlasur)..	$2\ \dot{C}u\ \ddot{C} + \dot{C}u\ \dot{H}$
XIII.	1.	Trona............	$\dot{N}a^2\ \ddot{C}^3 + 4\ \dot{H}$
XIV.	1.	Phosphate de Cuivre de Rheinbreitenbach	$\dot{C}u^5\ \overset{\prime\prime\prime}{P} + 5\ \dot{H}$
XV.	1.	Vivianite (20), phosphate de Fer.....	$\dot{F}e^3\ \overset{\prime\prime\prime}{P} + 6\ \dot{H}$ (?)

2. Arséniate de Cobalt (Kobaltblüthe). . . . $\dot{C}o^3\,\dddot{A}s + 6\dot{H}$

XVI. 1. Hétépozite (*Dufrén.*). $2\,\dot{F}e^5\,\dddot{P}^2 + \dot{M}n^5\,\dddot{P}^2 + 5\dot{H}$

XVII. 1. Huraulite (*Dufrénoy*). $3\dot{M}n^5\,\dddot{P}^2 + \dot{F}e^5\,\dddot{P}^2 + 30\dot{H}$

XVIII. 1. Pharmacolite (*Haid.*). $\dot{C}a\,\dddot{A}s + 6\dot{H}$

XIX. 1. Strahlerz (*Phillips*). . $\dot{C}u,\dot{F}e,\dddot{A}s$

XX. 1. Wagnérite. . . . . $Mg\,F + \dot{M}g^3\,\dddot{P}$

XXI. 1. Wolfram. . . . . $\dot{M}n\,\ddot{W} + 3\dot{F}e\,\dddot{W}$

XXII. 1. Vauquelinite (*Haid.*). $\dot{C}u^3\,\dddot{C}r + 2\dot{P}b^3\,\dddot{C}r$

XXIII. 1. Chrômate de Plomb. $\dot{P}b\,\dddot{C}r$

XXIV. 1. Gadolinite (*Phillips*). $(\dot{F}e^6,\dot{C}e^6)\,\dddot{S}i + 2\dot{Y}^3\,\dddot{S}i$

XXV. Epidote. . . . . $\dot{R}^3\,\dddot{S}i + 2\ddot{R}\,\dddot{S}i$

1. Zoïsite. . . . . $\dot{C}a^3\,\dddot{S}i + 2\ddot{A}l\,\dddot{S}i$

2. Pistachite. . . . . $\dot{C}a^3\,\dddot{S}i + 2(\ddot{A}l,\dddot{F}e)\,\dddot{S}i$

3. Braunstein du Piémont $\dot{C}a^3\,\dddot{S}i + 2(\ddot{A}l,\dddot{M}n)\,\dddot{S}i$

4. Bucklandite (21). . . . .

XXVI. 1. Euclase. . . . . $\dddot{B}e\,\dddot{S}i^2 + 2\ddot{A}l\,\dddot{S}i$

XXVII. 1. Mica à 2 axes (22). . $\dot{K},\dot{L},\ddot{A}l,\dddot{F}e,\dddot{S}i,F$

XXVIII. 1. Silicate de Chaux (Tafelspath) (*Brook*). . $\dot{C}a^3\,\dddot{S}i^2$

XXIX. Pyroxènes (23). . . . .

1. Diopside. . . . . $\dot{C}a^3\,\dddot{S}i^2 + \dot{M}g^3\,\dddot{S}i^2$

2. Sahlite. . . . . $\dot{C}a^3\,\dddot{S}i^2 + (\dot{M}g^3,\dot{F}e^3)\dddot{S}i^3$

3. Hédenbergite. . . . . . . $\dot{C}a^3\,\dddot{S}i^2 + \dot{F}e^3\,\dddot{S}i^2$

4. Augite basaltique.... $\dot{C}a$, $\dot{M}g$, $\dot{F}e$, $\ddot{A}l$, $\dddot{S}i$

5. Rothbraunsteinerz... $\dot{M}n^3\,\dddot{S}i^2$

6. Achmite......... $3\,\dot{N}a\,\dddot{S}i + 2\,\ddot{F}e^3\,\dddot{S}i^2$

7. Diallage......... $\dot{M}g^3\,\dddot{S}i^2 + (\dot{C}a^3, \ddot{F}e^3)\,\dddot{S}i^2$

8. Bronzite......... $\dot{M}g^3\,\dddot{S}i^2$

9. Hypersthène....... $\dot{M}g^3\,\dddot{S}i^2 + \dot{F}e^3\,\dddot{S}i^2$

10. Uralite.......... . . . .

11. Trémolite........ $\dot{C}a\,\dddot{S}i + \dot{M}g^3\,\dddot{S}i^2$

12. Antophyllite...... $\dot{F}e\,\dddot{S}i + \dot{M}g^3\,\dddot{S}i^2$

13. Strahlstein........ $\dot{C}a$, $\dot{M}g$, $\dot{F}e$, $\ddot{A}l$, $\dddot{S}i$

14. Hornblende basaltiq. $\dot{C}a$, $\dot{M}g$, $\dot{F}e$, $\ddot{A}l$, $\dddot{S}i$

XXX. 1. Laumonite........ $\dot{C}a^3\,\dddot{S}i^2 + 4\,\ddot{A}l\,\dddot{S}i^2 + 18\,\dot{H}$

XXXI. 1. Couzeranite....... $3(\dot{C}a, \dot{K}, \dot{N}a)\dddot{S}i + 2\,\ddot{A}l\dddot{S}i\,(?)$

XXXII. Mésotype (24)..... . . . .

1. Natrolite......... $\dot{N}a\,\dddot{S}i + \ddot{A}l\,\dddot{S}i + 2\,\dot{H}$

2. Mésolite.......... $\dot{N}a\,\dddot{S}i + \ddot{A}l\,\dddot{S}i + 2\,\dot{H}$
$+ 3(\dot{C}a\,\dddot{S}i + \ddot{A}l\,\dddot{S}i + 3\,\dot{H})$

3. Scolézite......... $\dot{C}a\,\dddot{S}i + \ddot{A}l\,\dddot{S}i + 3\,\dot{H}$

XXXIII. 1. Feldspath......... $\dot{K}\,\dddot{S}i + \ddot{A}l\,\dddot{S}i^3$

2. Rhyacolite........ $(\dot{N}a, \dot{K})\,\dddot{S}i + \ddot{A}l\,\dddot{S}i$

XXXIV. 1. Stilbite, Heulandite, (Blätterzéolith).. $3\,\dot{C}a\,\dddot{S}i + 4\,\ddot{A}l\,\dddot{S}i^3 + 18\,\dot{H}$

XXXV. 1. Brewsterite (25).... $3\,(\dot{S}r, \dot{B}a)\,\dddot{S}i + 4\,\ddot{A}l\,\dddot{S}i^3$
$+ 18\,\dot{H}$

xxxvi.	1. Humite (26)......	$\dot{M}n\,Mn\,F^3 + \dot{M}n^3\,\ddot{S}i$
xxxvii.	1. Sphène , Titanite...	$\dot{C}a\,\ddot{T}i^3 + \dot{C}a\,\ddot{S}i^2$
xxxviii.	1. Borax , Tinkal......	$\dot{N}a\,\dddot{B}o + 10\,\dot{H}$
xxxix.	1. Datholite.........	$\dot{C}a\,\dddot{B}o + \dot{C}a\,\ddot{S}i + \dot{H}$
xl.	1. Botryogène.......	$\dot{F}e^3\,\ddot{S}^2 + 3\,\ddot{F}e\,\ddot{S}^2 + 36\,\dot{H}$
xli.	1. Glaubérite........	$\dot{N}a\,\ddot{S} + \dot{C}a\,\ddot{S}$
xlii.	1. Sulfate de Soude....	$\dot{N}a\,\ddot{S} + 10\,\dot{H}$
xliii.	1. Sulfate de Chaux, Gypse..........	$\dot{C}a\,\ddot{S} + 2\,\dot{H}$
xliv.	1. Sulfate de Fer......	$\dot{F}e\,\ddot{S} + 6\,\dot{H}$
xlv.	Sulfate de Plomb cupri-fère...........	$\dot{P}b\,\ddot{S} + \dot{C}u\,\dot{H}^2$
xlvi.	1. Sulfato-tri-carbonate de Plomb.......	$\dot{P}b\,\ddot{S} + 3\,\dot{P}b\,\ddot{C}$
xlvii.	Sulfato-carbonate de Plomb..........	$\dot{P}b\,\ddot{S} + \dot{P}b\,\ddot{C}$
xlviii.	1. Johannite.........	$\ddot{U}, \ddot{S}$
xlix.	1. Monazite.........	$\dddot{U}, ...$
l.	1. Turnerite........	$.................$

VI.

6ᵉ SYSTÈME CRISTALLIN.

I.	1. Diaspor (*Phillips*)...	$\ddot{Al}\,\dot{H}$
II.	1. Cyanite...........	$\ddot{Al},\dddot{Si}$
III.	1. Latrobite (*Brooke*)..	$\dot{K}^3\dddot{Si}+2\dot{Ca}^3\dddot{Si}+15\,\ddot{Al}\dddot{Si}$
IV.	1. Labrador..........	$\dot{Na}\,\dddot{Si}+\dddot{Al}\,\ddot{Si}$
		$+\,3\,(\dot{Ca}\,\dddot{Si}+\dddot{Al}\dddot{Si})$
V.	1. Anorthite........	$\dot{K},\dot{Ca},\ddot{Al},\dddot{Si}$
VI.	1. Albite...........	$\dot{Na}\,\dddot{Si}+\ddot{Al}\,\dddot{Si}^3$
	2. Péricline.........	$(\dot{Na},K)\,\dddot{Si}+\ddot{Al}\,\dddot{Si}^3$
VII.	1. Babingtonite.......	$\dot{Ca},\dddot{Fe},\dddot{Mn},\dddot{Si}$
VIII.	1. Axinite..........	$\dot{Ca},\dot{Fe},\dot{Mn},\ddot{Al},\dddot{Si},\dddot{Bo}$
IX.	1. Sulfate de Cuivre...	$\dot{Cu}\,\ddot{S}+5\,\dot{H}$

NOTES.

NOTES.

———

(1) D'après les observations de M. Zippe, la forme cristalline du Pyrope n'est pas, comme celle du Grenat, un dodécaèdre, mais un hexaèdre, dont les faces se présentent bien aussi dans ce dernier minéral, mais rarement et toujours subordonnées. Dans sa composition chimique le Pyrope se distingue du Grenat parce qu'il contient du chrôme. Si ce chrôme est à l'état d'oxide vert, les analyses de MM. le comte Wachmeister et de Kobell font voir qu'il est impossible d'appliquer à la combinaison la formule du Grenat. S'il y est à l'état d'oxide brun, on ne peut appliquer cette formule qu'en considérant l'oxide brun de chrôme comme isomorphe avec la magnésie et l'oxidule de fer; et cependant cet oxide est loin d'avoir la même composition atomique que les bases que nous venons de citer, et l'on est alors obligé de le considérer comme formé d'un nombre double d'atômes de radical et d'oxigène. Mais cette supposition ne repose que sur l'opinion que le Pyrope est un

16

Grenat, et que la formule trouvée pour les autres Grenats peut également lui être appliquée. Ce rapprochement n'est d'ailleurs justifié par aucune autre analogie. Cette hypothèse devient encore moins probable quand on remarque que les caractères cristallographiques par lesquels on rattachait le Pyrope au Grenat sont eux-mêmes très-douteux. Par toutes ces raisons il me paraît convenable de séparer le Pyrope du Grenat, et d'en faire un genre particulier.

(2) La Cancrinite n'a été rencontrée jusqu'à présent qu'en masse, mais présentant cependant six plans de clivage assez distincts. Ces plans de clivage forment entre eux des angles de 120°; d'après mes propres observations, ils sont également faciles, et conduisent au dodécaèdre. Cette structure, ainsi que la couleur bleue du minéral, ont pu faire venir à la pensée que la Cancrinite était le même minéral que la Lazulite. Mais une recherche entreprise à ma prière par M. le docteur E. Hoffmann a fait voir que la Cancrinite ne renfermait pas d'acide sulfurique (cet acide avait été particulièrement recherché dans l'analyse), et se distinguait, par conséquent, à cause de cela, de la Lazulite. L'analyse donna une perte de 5 o/o, et n'a pu être refaite à cause du manque de temps, de sorte qu'elle n'a pu

servir à établir une formule chimique Voici néanmoins les résultats qu'elle a donnés :

Soude	24, 47
Chaux	0, 32
Alumine	32, 04
Silice	38, 40

(3) Mon frère a fait voir par ses analyses (*Annales de Poggendorf*, t. XV, p. 576) que le Fahlerz renfermait des quantités variables d'argent, que très-souvent même il n'en renfermait pas du tout, mais que le contenu en cuivre augmentait à mesure que celui en argent diminuait : de plus que la composition chimique du Fahlerz non argentifère pouvait être représentée par la formule

$$\dot{R}^{4}\,\overset{'''}{R} + 2\,\dot{C}u\,^{4}\overset{'''}{R},$$

dans laquelle $\overset{'''}{R}$ représente du Sulfure d'Antimoine $\overset{'''}{S}b$ et du sulfure d'arsenic $\overset{'''}{A}s$, $\dot{R}$ du sulfure de fer $\dot{F}$ et du Sulfure de Zinc $\dot{Z}n$. Il a fait voir aussi que cette formule pouvait s'appliquer au Fahlerz argentifère, en admettant que le sulfure de cuivre $\dot{C}u$ et le sulfure d'argent $\dot{A}g$ peuvent se remplacer l'un l'autre, ce qui exigerait que l'on divisât par 2 le poids de l'atôme d'argent et que l'on marquât par $\dot{A}g$ le sulfure d'argent (Silberglanz) de la minéralogie.

16.

Cette supposition ne paraît pas justifiée par les formes cristallines du Sulfure de cuivre représenté par la formule $\dot{G}u$, et du Sulfure d'argent $\dot{A}g$, car la forme du premier minéral se rapporte au second système cristallin, et celle du second au système cristallin régulier. Cependant M. Mitscherlich a observé que du sulfure de cuivre obtenu directement par la fusion du cuivre avec le soufre, et qui présentait identiquement la même composition chimique que le sulfure naturel, cristallisait en octaèdres réguliers comme le Sulfure d'argent. Cette observation n'a pas encore été publiée, elle m'a été communiquée directement par l'auteur. J'ai obtenu moi-même une cristallisation en octaèdres réguliers, en fondant dans un four à porcelaine le Sulfure de cuivre naturel placé dans un creuset de Hesse. Mon frère a vu aussi de ces cristaux très-gros et très-développés dans la fabrique de produits chimiques de Nusdorf près de Vienne, où l'on prépare très en grand du sulfure de cuivre, par la fusion directe du cuivre avec le soufre, pour la préparation du sulfate de cuivre.

D'un autre côté j'ai observé dans la collection minéralogique de Berlin un Sulfure de cuivre et d'argent d'une localité jusqu'à présent inconnue, notamment de Rudelstadt dans la basse Silésie, qui, à la vérité, était imparfaitement cristallisé,

mais pour lequel il était possible d'admettre que la
forme cristalline fût la même que celle du Sulfure
de cuivre naturel. L'analyse a montré que ce minéral avait la même composition chimique que
celui de Schlongenberg. Malheureusement l'im-
perfection du cristal a empêché d'en faire un
examen exact, je n'ai pu mesurer que quelques
angles, qui se sont toujours trouvés d'accord avec
des angles du Sulfure de cuivre naturel. L'aspect même du minéral, et la tendance des cristaux à s'accoler deux à deux, semblent encore
démontrer l'identité de forme cristalline du Sulfure de cuivre naturel et du Sulfure de cuivre et
d'argent; mais ces caractères ne suffisent pas
pour cela. L'observation de la cristallisation en
octaèdres réguliers dans le sulfure de cuivre $\overset{.}{C}u$
démontre que ce sulfure peut se présenter sous
deux formes différentes, mais ne démontre pas
que le sulfure de cuivre $\overset{.}{C}u$ et le sulfure d'argent
soient isomorphes, parce que les formes cristallines semblables que l'on a observées sont toutes
deux du système régulier; la question sur l'isomorphisme du sulfure de cuivre $\overset{.}{C}u$ et du sulfure
d'argent $\overset{.}{A}g$ ne sera donc résolue que lorsqu'on
aura rencontré d'une manière non douteuse la
forme cristalline du Sulfure de cuivre naturel dans
le Sulfure d'argent, ou même que l'on aura rencontré du Sulfure de cuivre et d'argent affectant

cette forme. Les mesures que j'ai entreprises sur les cristaux de Sulfure de cuivre et d'argent de Rudelstadt ne suffisent pas pour cela, de sorte que la question doit être regardée jusqu'à présent comme indécise [1].

(4) On n'a pas rencontré jusqu'ici dans le Nickel gris et dans le Nickelspiessglanzerz les formes du Pyritoèdre comme dans le Cobalt gris; mais la concordance parfaite des autres formes, des plans de clivage, et de la composition chimique de ces trois espèces minérales, met leur isomorphisme hors de doute, comme je l'ai déja fait remarquer dans une autre circonstance. Il est probable que si, jusqu'à présent, on n'a pas encore rencontré les faces du Pyritoèdre dans le Nickel gris et dans le Nickelspiessglanzerz, cela tient à ce que ces minéraux se rencontrent rarement cristallisés; et l'on observera sans doute ces faces quand on aura l'occasion d'examiner un plus grand nombre de variétés. C'est à cause de ces raisons que j'ai classé ces minéraux parmi les for-

---

1. J'ai trouvé depuis un morceau de Sulfure de cuivre et d'argent très-bien cristallisé, et qui avait tout à fait la forme du Sulfure de cuivre naturel. Ces cristaux ont été décrits dans les *Annales de Poggendorff*, t. XXVI, p. 427. La question doit donc être regardée comme résolue. (*Note communiquée par l'auteur.*)

mes hémiédriques à faces parallèles du système cristallin régulier.

(5) La Hausmannite a, d'après les analyses de M. de Turner, une composition chimique tout à fait semblable à celle du fer oxidé magnétique; elle se compose d'un atôme d'oxidule de manganèse et d'un atome de sesquioxide de manganèse, tandis que le fer oxidé magnétique se compose d'un atome d'oxidule de fer et d'un atome de peroxide de fer. Comme du reste ces oxides sont isomorphes, il est étonnant que la Hausmannite ne cristallise pas en octaèdre régulier comme le fer oxidé magnétique. Les angles du quadratoctaèdre qui se présentent dans la Hausmannite sont tellement différents, d'après les mesures de M. Haidinger, de ceux de l'octaèdre régulier, les hémitropies et les clivages ont si peu de rapport, qu'il est impossible d'admettre que la différence tienne à une mauvaise détermination du cristal. Cela tient-il à ce que l'analyse de ces minéraux est fautive, et que la Hausmannite n'a pas la composition chimique qu'on lui attribue ordinairement, ou cela tient-il à ce que la combinaison $\dot{R} + \overset{\cdots}{R}$ peut se présenter en effet sous deux formes différentes, comme on en a déja remarqué plusieurs exemples?

(6) On a compris dans la Wernerite, la Scapolite

et la Méïonite, à cause de l'identité des formes cristallines, quoique les analyses de la Méïonite faites par MM. Léop. Gmélin et Stromeyer ne s'accordassent pas parfaitement avec l'analyse de la Scapolite faite par M. Hartwall et méritassent à cause de cela d'être refaites. La formule qui a été donnée dans le tableau est celle de M. Hartwall. D'après ses analyses, la chaux et la soude se remplacent dans des rapports quelconques; c'est pour cela qu'on a considéré ces bases dans la formule comme isomorphes, quoique jusqu'à présent on n'ait pas encore de preuve bien décisive de l'isomorphisme de la chaux et de la soude. Le sulfate de soude ou Thénardite ne paraît pas isomorphe avec l'Anhydrite, et les analyses de la Mésotype faites par MM. Gehlen et Fuchs montrent bien que la chaux et la soude peuvent se remplacer, mais que, dans ce cas, la quantité d'eau contenue varie, de telle manière que 1 *at.* chaux + 1 *at.* d'eau est isomorphe avec un atome de soude; c'est, au reste, ce que l'on est obligé d'admettre pour toutes les autres Zéolites dans lesquelles la chaux et la soude paraissent se remplacer, comme dans la Chabasie.

Cette supposition a cependant quelque chose de tellement forcé, qu'on ne peut pas l'admettre sans d'autres preuves, et qu'on doit plutôt être porté jusqu'à présent à attribuer les différences entre les contenus d'eau des différentes Mésotypes à de petites fautes qui se seraient glissées dans les analyses soit des Mésotypes à base de soude ou des Natrolites, soit des Mésotypes à base de chaux ou des Scolézites, quelque peu de probabilité que donnent à cette hypothèse des analyses faites par MM. Gehlen et Fuchs. Cependant, comme dans le cas qui nous occupe, les Mésotypes pourraient très-bien avoir une composition semblable, et que, du reste, on peut expliquer par un dimorphisme la différence entre les formes cristallines du Sulfate de soude et de l'Anydrite, il pourrait bien se faire que la chaux et la soude fussent isomorphes. Mais comme ce fait a besoin d'être confirmé par des observations subséquentes, on ne l'a admis, en attendant, dans ces tables, que dans quelques cas particuliers.

(7) D'après des recherches faites par M. Mitscherlich, et qui m'ont été communiquées par ce chimiste, la Davyne a non seulement les mêmes angles que la Néphéline, mais même une composition chimique toute semblable, comme le démontrent des analyses faites dans son laboratoire, et qui seront publiées prochainement; elle ne diffère de la Néphéline que par une petite quantité de chlore et de chaux qu'elle

contient, mais elle ne renferme pas d'eau, comme l'avaient admis MM. Monticelli et Cavelli. Si l'on admet que le chlore est combiné avec la chaux, le reste de la composition est le même que dans la Néphéline ; je me suis assuré par mes propres mesures que les angles de la Davyne et de la Néphéline sont identiquement les mêmes. On ne rencontre ordinairement qu'un seul dodé-caèdre hexagonal dans la Davyne, tandis que, dans la Néphéline, on en connaît trois. Le dodé-caèdre de la Davyne coïncide avec le dodécaèdre supérieur de la Néphéline. A cause de cette con-cordance des angles et de la composition chi-mique (à l'exception, toutefois, du chlorure de calcium contenu dans la Davyne), j'ai réuni la Davyne et la Néphéline dans un même genre, et j'ai séparé la Davyne de la Néphéline comme espèce différente, à cause du chlorure de cal-cium qu'elle contient, jusqu'à ce que l'on sache bien de quelle manière le chlorure de calcium se trouve dans ce minéral. D'après M. Mitscher-lich, la Carolinite et la Beudantite, décrites par MM. Monticelli et Covelli, ne sont autre chose que de la Néphéline.

(8) Dans les Chabasies, non seulement la soude et la chaux, mais encore la soude et la potasse semblent se remplacer ; c'est pour cela

que ces trois substances se trouvent réunies entre parenthèses. Le premier fait, l'isomorphisme de la chaux et de la soude, s'est déja présenté dans la Wernerite (*voyez la note* 6), et reçoit par là une nouvelle confirmation, quoiqne l'on puisse toujours objecter qu'ici comme dans les Mésotypes c'est la chaux combinée avec une certaine quantité d'eau qui est isomorphe avec la soude. Quant au second fait, M. Mitscherlich y est arrivé dans une autre circonstance (*Annales de Poggendorf*, t. XVIII, p. 173). Il a fait voir que le Nitrate de potasse et le Nitrate de soude s'accordent avec l'Arragonite et le Carbonate de chaux, non seulement pour la forme, à l'exception de quelques petites variations dans les angles qui sont ordinaires dans les combinaisons isomorphes, mais encore pour leurs plans de clivage. D'un autre côté, l'Arragonite et le Carbonate de Chaux ont des formes différentes, mais des compositions chimiques semblables, de sorte qu'il pourrait bien se faire que le Nitrate de potasse puisse se trouver sous la forme du carbonate de chaux ou du Nitrate de soude, et que le Nitrate de soude puisse se trouver sous la forme de l'Arragonite ou du Nitrate de potasse, ce qui prouverait encore l'isomorphisme de la potasse et de la soude. Il est vrai que cette concordance des formes des Nitrates de potasse et de soude avec l'Arragonite et le Carbonate de chaux ne peut être expliquée dans l'état actuel de la science, sans avoir recours à des hypothèses. Il est bon, cependant, de conserver ce fait dans la mémoire, de même que beaucoup d'autres observations qui ne peuvent s'expliquer dans l'état actuel de la science, parce qu'ils peuvent mener à de nouvelles découvertes.

(9) D'après M. Berzelius, la Lévyne a la même composition chimique que la Chabasie; mais d'après M. Haidinger, les angles de la Lévyne sont tellement différents de ceux de la Chabasie que ces deux minéraux ne peuvent pas être réunis sous le rapport cristallographique. Il paraît probable, d'après cela, que le minéral analysé par M. Berzelius était une Chabasie et non une Lévyne.

(10) La formule chimique donnée pour l'Alunite est celle que M. Berzelius a donnée comme la véritable (*Journal annuel*, 2, pag. 102), d'après l'analyse de M. Cordier. Cependant elle n'a pas été adoptée par ce chimiste dans la seconde édition de son ouvrage sur l'emploi du chalumeau, c'est pourquoi je l'ai marquée dans le tableau avec un point d'interrogation.

(11) Le Sulfure d'Antimoine et l'Orpiment sont regardés ici comme isomorphes, quoique les cris-

taux de cette dernière substance ne se soient pas jusqu'à présent présentés assez bien développés pour permettre des mesures d'angles exactes, et pour pouvoir prononcer sur le fait d'isomorphisme. Les cristaux de l'Orpiment paraissent cependant, d'après la disposition de leurs faces, appartenir au quatrième système cristallin, et présentent un plan de clivage parallèle à l'axe principal aussi parfait que les cristaux de Sulfure d'Antimoine. De plus, il résulte des analyses des diverses combinaisons du Sulfure d'Antimoine $\overset{'''}{S}b$, et du Sulfure d'Arsenic $\overset{'''}{A}s$, que ces deux substances se remplacent exactement dans tous les rapports possibles, ce qui rend très-probable que le Sulfure d'Antimoine et l'Orpiment sont eux-mêmes isomorphes.

(12) Les cristaux de la Libethenite sont, d'après M. Phillips, des prismes obliques à quatre faces qui sont terminés par des biseaux qui reposent sur les arêtes aiguës du prisme. L'angle du prisme est, d'après M. Phillips, de 95°15'; d'après M. Mohs, de 95°,2'; l'angle du biseau est, d'après M. Phillips, de 121°,15', d'après M. Mohs, de 111°,58'. D'après mes propres mesures, le premier angle est de 92°, et le dernier de 109 1/2°; d'ailleurs, dans les cristaux que j'ai eu occasion d'observer, les prismes étaient tellement courts que les faces des

biseaux qui les terminaient non seulement se touchaient, mais encore se coupaient suivant des arêtes. Il paraît probable, d'après cela, que MM. Phillips et Mohs ont mesuré d'autres cristaux que ceux du Phosphate de cuivre de Libeth, localité dont venaient bien certainement les échantillons que j'ai observés.

Les cristaux de l'Olivenite se présentent ordinairement comme des prismes obliques à quatre faces, ayant leurs arêtes latérales obtuses tronquées, et à leurs extrémités des biseaux qui reposent sur les arêtes latérales aiguës du prisme. L'angle du prisme est, d'après M. Phillips, de 92°,30'; celui du biseau est de 110°,50'. J'ai trouvé le premier angle de 92°, 35'; quant au second, je n'ai pu le déterminer avec exactitude, à cause de la petitesse et du peu d'éclat des faces, cependant les résultats de mes mesures ne s'éloignent pas beaucoup de ceux de M. Phillips, qui doivent d'ailleurs n'être pas très-exacts, à cause des mêmes circonstances. Il résulte seulement qu'il existe une grande ressemblance sous le rapport des angles entre la Libethenite et l'Olivenite.

La Libethenite a été analysée par M. Berthier (*Ann. des mines*, t. VIII, p. 305). M. Berzelius a déduit de cette analyse la formule :

$$\dot{C}u^4\overset{...}{P} + 2\,H;$$

L'Olivenite a été analysée de nouveau par
M. Kobell (*Ann. de Poggendorf*, t. XVIII, p. 252).
Il trouva, outre l'acide arsenique qui avait déjà été
remarqué, une certaine quantité d'acide phosphorique, et il établit la formule :

$$6\,\dot{C}u^4\,\overset{...}{A}s + (\dot{C}u^4\,\overset{...}{P} + 8\,\dot{H}).$$

On ne peut pas admettre que l'eau se trouve
uniquement combinée avec le Phosphate de
cuivre, et qu'il n'y en ait pas d'unie avec l'Arséniate. Les deux combinaisons étant composées
d'un même nombre d'atomes d'acide et d'oxide
de cuivre, doivent être isomorphes, comme cela
a toujours lieu, et doivent renfermer aussi les
mêmes quantités d'eau. Si donc on change la
première formule en celle-ci :

$$\dot{C}u^4\,\overset{...}{R} + 1\,\dot{H},$$

le contenu d'eau se trouvera être plus faible de
1/8 que dans l'analyse de M. Kobell ; cependant,
comme la différence n'est pas grande, on peut
supposer que la trop grande quantité d'eau trouvée dans l'analyse provient d'un peu d'eau re-
tenue mécaniquement par le cristal, ou d'une
petite erreur dans la pesée, qui a très-bien pu se
glisser dans l'analyse, le dosage de l'eau ayant
été fait sur une très-petite masse d'Olivenite (sur
vingt grains). Si l'on adoptait deux atomes d'eau

de plus dans la seconde formule, on s'éloignerait encore davantage des résultats donnés par l'analyse.

La quantité d'eau est probablement portée trop haut dans l'analyse de M. Berthier. Ce chimiste n'indique pas dans les *Annales des mines* de quelle manière il a fait l'analyse ; mais comme il a opéré sur une très-petite quantité de matière, ainsi qu'il le dit lui-même, et que la somme de tous les éléments trouvés dans l'analyse fait juste 100, il est probable que le dosage de l'eau n'a pas été fait directement, mais seulement par différence. Il peut donc bien se faire que la Libethenite ne renferme qu'un atome d'eau, et comme le rapport de l'acide phosphorique à l'oxide de Cuivre, dans ce dernier minéral, est le même que celui des acides phosphorique et arsenique à l'oxide de Cuivre, dans l'Olivenite, il devient plus que probable, et d'après l'égalité de composition chimique, et d'après l'identité de forme cristalline, que la Libethenite et l'Olivenite sont isomorphes. Leur formule commune est donc probablement la suivante :

$$\dot{C}u^4 \overset{\cdots}{R} + 1 \dot{H}.$$

(13) Cette formule a été posée par M. Berzelius pour l'Arséniate de Fer d'Antonio Pereira, au Brésil, qu'il a analysé, mais dont il n'a pas donné

la forme cristalline. La collection minéralogique de Berlin possède de très-beaux cristaux de ce minéral qui lui ont été envoyés du Brésil par M. Sellow, et dont la forme et les angles peuvent être déterminés avec la plus grande facilité. D'après mes recherches, ces cristaux coïncident parfaitement avec la Scorodite de Graul près de Schwartzenberg en Saxe, et sont, par conséquent, des variétés bien claires de ce dernier minéral. Néanmoins M. Berzelius dit (*Emploi du chalumeau*, page 237) que la Scorodite chauffée au chalumeau dans un tube fermé par un bout donne un sublimé blanc d'acide arsénieux, auquel ne donne pas lieu l'Arséniate de Fer d'Antonio Pereira. Mais si l'on fait l'essai sur un cristal bien clair et bien transparent de la Scorodite de Graul, on n'obtient pas non plus de sublimé, il n'a lieu que lorsque le cristal n'est pas tout-à-fait transparent, et qu'il est mélangé de Mispickel, sur lequel la Scorodite de Graul se trouve communément placée. Dans ce cas, l'arsenic du Mispickel réagit sur l'acide arsénique de la Scorodite, forme de l'acide arsénieux qui se volatilise. Pour me convaincre de l'exactitude de cette explication, je fis l'expérience avec une Scorodite bien transparente d'Antonio Pereira, je la réduisis en poudre très-fine, et la mêlai avec une petite quantité de Mispickel pulvérisé. Ce mé-

lange, chauffé au chalumeau, donna immédiatement, après le dégagement de la vapeur d'eau
contenue dans la Scorodite, un sublimé blanc
d'acide arsénieux. Il résulte de ces observations
que l'Arséniate de Fer d'Antonio Pereira et la
Scorodite ne forment qu'un seul et même minéral.

(14) Les cristaux de l'Allanite (Cérine) de
Bastnäs Grube près Riddarhyttan, qui n'avaient
pas encore été déterminés exactement jusqu'ici,
appartiennent, d'après mes recherches, au quatrième système cristallin; ce sont des prismes
obliques à quatre faces de 128° qui sont tronqués sur leurs arêtes latérales aiguës et obtuses
(qui ont, par conséquent, quatre arêtes de combinaison de 154°, et 4 de 116°), et dont les extrémités sont terminées, outre leurs autres faces,
par deux biseaux de 110° et de 70° qui reposent
symétriquement sur les troncatures des arêtes
latérales obtuses. Les cristaux sont petits, mais
leurs faces sont bien unies et brillantes, et se
prêtent très-bien à des mesures exactes.

Cette description ne s'accorde pas, il est vrai,
avec celle que M. Haidinger a donnée de l'Allanite
du Groënland (*Transactions of the royal society
of Edinburg*, 1825): d'après celle-ci, les cristaux
appartiendraient au cinquième système cristallin, et formeraient des prismes à six faces non

symétriques avec des angles de 129°, 115° et 116°,
et plusieurs faces terminales uniques qui ne sont
placées que d'un seul côté, du côté antérieur.
M. Haidinger n'a observé qu'un seul cristal qui
se trouvait dans la belle collection de M. Allan, à
Édimbourg ; ce cristal était gros, il est vrai, mais
engagé dans une roche, et par conséquent n'a
pu être mesuré qu'avec le goniomètre d'applica-
tion. Les angles ne sont donc, comme M. Haidinger le dit lui-même, que déterminés approxi-
mativement. D'ailleurs les angles des faces latérales s'accordent avec mes propres mesures aussi
bien qu'on pouvait l'espérer ; cela a lieu aussi
pour les faces terminales. Si donc l'on admet que
dans le cristal examiné par M. Haidinger les
faces antérieures se soient tellement développées
qu'elles aient fait disparaître les faces postérieures,
il paraîtra vraisemblable que la forme de l'Allanite du Groënland est la même que celle de
l'Allanite de Suède, et que ces deux minéraux
doivent être réunis sous le rapport cristallographique, comme ils le sont déja depuis long-temps
sous le rapport chimique. J'ai, d'après l'exemple
donné par plusieurs minéralogistes, donné à tout
le genre minéral le nom d'Allanite que l'on ne
donnait auparavant qu'aux variétés du Groënland, le nom de Cérine donné aux variétés de
la Suède se rapprochant trop de celui de Cérite

17.

qui est donné à un minéral qui contient aussi de l'oxide de Cérium, mais dans un tout autre état de combinaison. De cette manière, il n'y aura pas moyen de confondre.

(15) On doit comprendre dans l'Harmotome alcaline la Phillipsite, et peut-être aussi la Zéoganite, l'Abrazite et la Gismondine. Les formules attribuées aux Harmotomes, alcaline et barytique, sont celles que M. Bonsdorf a données dans son système minéral.

(16) Le genre Stilbite de Haüy, qui comprend la Strahlzéolite et la Blatterzéolite de Werner, fut, d'abord par M. Mohs et ensuite par M. Brooke, divisé en deux genres différents. M. Brooke laissa le nom de Stilbite à la Strahlzéolite, et donna celui de Heulandite à la Blatterzéolite. Cependant si le nom de Stilbite, qui a été donné à ces minéraux à cause de leur éclat, doit être conservé à un de ces genres, il doit nécessairement l'être à la Blatterzéolite, si remarquable par son grand éclat; c'est pourquoi j'ai adopté les dénominations de M. Breithaupt, qui appelle Desmine la Strahlzéolite, et conserve le nom de Stilbite à la Blatterzéolite.

(17) Le Schrifterz n'a pas, d'après une communication par écrit de M. Berzelius, une com-

position aussi simple qu'on l'a cru jusqu'à présent, car il contient, outre le tellure, l'or et l'argent, du fer, du cuivre, du plomb et de l'antimoine; on ne peut donc pas encore établir de formule chimique pour ce composé. M. Mohs rapporte les cristaux au quatrième système cristallin, mais il remarque lui-même que les cristaux qu'il a examinés étaient probablement des cristaux hémitropes, et que les cristaux simples doivent se rapporter au cinquième système. Cette conjecture est confirmée par les mesures de M. Phillips et par celles que j'ai faites moi-même. J'ai mesuré des cristaux qui étaient petits, mais très-bien déterminés, et qui se rapportaient bien certainement au cinquième système cristallin.

(18) Les seules déterminations d'angles qui, à ma connaissance, aient été faites sur les cristaux du Brauneisenstein, sont de M. Phillips; elles se rapportent aux petits cristaux en aiguilles de Clifton près de Bristol, qui sont implantés dans du Quartz cristallisé. J'ai mesuré des cristaux du même gisement, mais j'ai trouvé qu'ils appartenaient au cinquième système cristallin, ce qui explique le peu d'accord qui existe entre les valeurs des angles données par M. Phillips, et qui n'est pas ordinaire dans les mesures faites

par ce minéralogiste. Les cristaux de Bristol n'ont pas été analysés; la formule se rapporte aux variétés fibreuses qui portent aussi le nom de *Glaskopf brun*. Mais comme les petits cristaux minces en forme de tables qui dans le pays de Siegen recouvrent le Glaskopf brun, et qui portent le nom de *Gothite* ou de *Rubinglimmer*, ont été regardés aussi comme du Brauneisenstein cristallisé, et se distinguent cependant clairement par leur forme des cristaux de Bristol, il devient très-douteux que la formule chimique du Glaskopf brun puisse être appliquée aux cristaux en aiguilles de Bristol. On n'a pas mis la Gothite dans cette table, parce que, à cause du peu d'épaisseur de ses cristaux, on n'a pu déterminer jusqu'à présent à quel système il fallait la rapporter.

(19) Colombite. J'ai désigné sous ce nom, avec les minéralogistes anglais et quelques autres, le Tantalite de Bodenmais et de Messachusets, pour le distinguer des Tantalites de Suède et Finlande. Les cristaux de la Colombite sont rapportés communément au quatrième système cristallin, cependant je les ai rapportés au cinquième, parce qu'il se trouve dans la collection minéralogique de Berlin un gros cristal de Bodenmais, dans lequel on reconnaît très-bien la disposition des

faces qui caractérisent le cinquième système cristallin. Dans ce cristal le côté antérieur et postérieur ont été conservés, ce qui probablement a été observé rarement, et l'on a adopté pour le côté postérieur les faces que l'on avait remarquées dans le côté antérieur, et par suite on a classé le minéral dans le quatrième système cristallin. Je n'ai, au reste, entrepris aucune mesure sur le cristal dont je viens de parler, car il était très-peu propre à ces sortes de mesures, à cause de la grandeur et de l'inégalité de ses faces, je je n'ai pas eu l'occasion d'en observer d'autres : de sorte que mes observations ont besoin d'être confirmées par d'autres plus précises.

(20) La Vivianite et le Kobaltbluthe ont la même forme cristalline, et sont à cause de cela placés dans la table l'un au-dessous de l'autre comme deux espèces différentes d'un même genre. Sous le rapport de la composition chimique de ces minéraux, il existe encore une grande incertitude. La Vivianite se présente plus fréquemment et en cristaux plus gros et plus développés que le Kobaltbluthe, et à cause de cela elle a été analysée plus fréquemment. Je ne rapporte parmi les analyses qui ont été faites de ces minéraux que celles de MM. Langier, Stromeyer et Vogel, parce qu'elles ont été faites sur des variétés de l'Ile-de-

France, de Sainte-Agnès en Cornouailles, et de Bodenmais, et que les Vivianites de ces localités ont bien certainement la même forme cristalline, comme j'ai eu l'occasion de m'en convaincre par mes propres observations.

Les Vivianites dont on a encore fait des analyses, ou bien me sont inconnues, ou bien ne sont pas cristallisées, de sorte qu'elles ne peuvent pas être prises en considération ici. Cependant comme les Vivianites des localités que nous avons indiquées ont la même forme cristalline, elles devraient aussi avoir la même composition chimique, ce qui n'a pas lieu du tout d'après les analyses qui en ont été faites.

M. Berzelius a déduit de l'analyse de Laugier la formule

$$\ddot{\text{F}}e^2\,\dddot{\text{P}} + 12\,\dot{\text{H}};$$

de celle de M. Stromeyer la formule

$$\dot{\text{F}}e^8\,\dddot{\text{P}}^3 + 16\,\dot{\text{H}};$$

de l'analyse M. Vogel la formule

$$\dot{\text{F}}e^3\,\dddot{\text{P}}^3 + 6\,\dot{\text{H}}:$$

cette dernière s'accorde avec la formule

$$\dot{\text{C}}o^3\,\dddot{\text{A}}s + 6\,\dot{\text{H}}$$

que M. Berzelius a donnée pour le Kobaltbluthe d'après l'analyse de M. Bucholz, mais qu'il a remplacée dans sa nouvelle édition de l'*Emploi du chalumeau* par la formule

$$\dot{C}o\,^5\overset{\cdots}{A}s + 5\,\dot{H}.$$

J'ai adopté dans le tableau les formules de MM. Vogel et Bucholz, parce qu'elles s'accordent entre elles et avec l'analyse de la Blauneisenerde faite par M. Brandes; mais comme elles ne s'accordent pas avec les analyses de MM. Laugier et Stomeyer, je les ai marquées d'un point d'interrogation.

(21) La Bucklandite a d'abord été décrite par M. Lévy d'après les cristaux venant d'Arendal, où ce minéral se présente avec le Carbonate de Chaux et la Néphéline. Je n'ai pas encore eu l'occasion de voir la Bucklandite de cette localité, mais j'ai trouvé que les petits cristaux noirs brillants, que l'on rencontre souvent avec le Feldspath vitreux dans les masses volcaniques du lac de Laacher, sont des Bucklandites. Il est résulté des mesures que j'ai entreprises sur ces cristaux que la Bucklandite a ses angles presque parfaitement égaux à ceux de l'Épidote, et par conséquent qu'elle doit être classée avec l'Épidote dans un même genre cristallographique, malgré la différence d'aspect de ces deux minéraux. Si l'on adopte l'opinion de M. Berzelius, qui pense que les Sili-

cates noirs de fer renferment les deux degrés d'oxidation de ce métal, on admettra que la Bucklandite renferme aussi les deux oxides; ces oxides sont peut-être remplacés en petite partie par les autres bases qui se présentent dans les Épidotes, de sorte que sa composition chimique serait représentée par la formule très-simple :

$$\dot{F}e^3\,\ddot{\ddot{S}i} + 2\,\ddot{\ddot{F}}e\,\ddot{\ddot{S}i}.$$

(22) Le Mica du Vésuve se présente souvent en cristaux bien définis qui se rapportent au cinquième système cristallin. Mais il n'est pas prouvé que tous les Micas à deux axes affectent la même forme ; ce n'est même pas probable, car d'après les analyses qui ont été faites, on ne peut pas plus établir de formule unique pour les Micas à deux axes que pour les Micas à un axe.

(23) J'ai déjà fait observer dans une autre circonstance que tous les minéraux compris sous les noms de Hornblende, Apophyllites, Augites, Rothbraunsteinerz, Hyperstène et Diallage, doivent être rangés probablement dans un seul genre minéral, quoiqu'il ne soit pas encore possible d'établir une formule unique qui s'applique à tous ces minéraux. On doit aussi rapporter au même genre l'Achmite, à cause de l'identité de forme et de clivage avec l'Augite, quoique la composition chimique de ce minéral soit loin de

justifier cette classification. En effet, la formule de l'Achmite donnée par M. Berzelius est la suivante : $3\,N\,a\,Si + 2\,F\,{}^2S\,i\,{}^2$. De sorte que ce minéral renfermerait deux bases, la soude et l'oxide de fer, qui ne se présentent pas dans les autres espèces. Mais si l'on admet que la soude soit isomorphe avec la Chaux, et que le fer soit contenu dans le minéral à l'état d'oxidule, ce qui changerait la formule précédente en celle-ci : $3\,N\,a\,Si + 2\,F\,e\,{}^3\,Si\,{}^2$, on retombera sur la formule de la Trémolite. Il est même probable que l'Achmite renferme les deux degrés d'oxidation du fer, et que le peroxide de fer renferme l'alumine, qui se trouve dans un grand nombre de Hornblendes et d'Augites.

(24) La Mésotype appartient, d'après mes mesures, au sixième système cristallin. Les cristaux ont la forme représentée *fig.* 98. D'après des mesures faites sur la Mésotype à base de chaux ou Scolézite d'Islande, ses angles ont les valeurs suivantes :

Inclinaison de	o sur o	$144°,40'$
«	o' « o'	$144,\ 20$
«	o « o'	$143,\ 29$
«	o « g	$116,\ 27$
«	o' « g	$115,\ 24$
«	g « g	$91,\ 35$
«	g « b	$134,\ 13$

L'inclinaison de la base sur l'axe principal est de 90°, 54'.

Les cristaux sont généralement hémitropes; l'hémitropie a lieu suivant la face de troncature des arêtes latérales obtuses. Le plan suivant lequel se fait l'hémitropie se reconnaît surtout très-bien sur la face de troncature des arêtes latérales aiguës, lorsque celle-ci existe. L'aspect général du cristal le rapproche du deuxième ou du quatrième système cristallin. Aussi Haüy l'avait-il d'abord placé dans le second système, et ensuite MM. Gehlen et Fuchs l'ont rapporté au quatrième. M. Haidinger fit ensuite quelques mesures à l'occasion de l'hémitropie remarquée par M. Brewster, il en conclut que le cristal se rapportait au cinquième système; ce que j'ai vérifié par mes propres mesures [1].

(25) On devrait s'attendre à trouver la Brewsterite isomorphe avec la Stilbite, car la baryte et la strontiane sont isomorphes avec la chaux; et d'après les nouvelles analyses de M. Connel, ces deux minéraux ne diffèrent que par ces substances : cependant leurs formes cristallines ne paraissent pas pouvoir être rattachées ensemble.

---

[1]. La cristallisation de la Mésotype a été décrite d'une manière très-complète dans les *Annales de Poggendorff*, tome XXVI.

(26) La Kumite se trouve au mont Vésuve en petits cristaux très-brillants et très-compliqués, mélangés avec du Mica et un minéral en grains qui se présente aussi en petits cristaux jaunes très-éclatants qui ont été pris pour des Topazes par M. le comte Bournon et par MM. Monticelli et Covelli, mais qui ne sont autre chose que des Augites, comme je m'en suis assuré par les mesures que j'ai faites sur les cristaux que j'ai trouvés dans la collection du comte Bournon. Les cristaux de la Kumite se rapportent, d'après mes mesures, au cinquième système cristallin. M. Phillips les rapporte au quatrième, mais il n'a probablement mesuré qu'une partie du cristal, et l'a terminé d'après les lois de symétrie du quatrième système. MM. Monticelli et Covelli réunissent la Kumite à la Chondrodite, sans cependant établir l'identité d'une manière bien certaine. Je me suis assuré moi-même que la Kumite renferme, ainsi que la Chondrodite, de l'acide fluorique, et j'ai, à cause de cela, donné à la Kumite la formule de Chondrodite, en y joignant cependant un point d'interrogation. J'ai conservé l'ancien nom, en partie parce que l'identité de la Kumite et de la Chondrodite n'est pas encore clairement établie, et ensuite lors même que cette identité serait bien démontrée, je crois qu'il faut conserver le nom qu'a donné le comte

Bournon, qui le premier a décrit le minéral, et qui a observé des échantillons dont la netteté l'emportait sur toutes les variétés de Chondrodites trouvées dans les autres localités.

TABLE
DES MATIÈRES.

FIN DE LA TABLE.

ÉLÉMENTS

DE

CRISTALLOGRAPHIE,

PAR M. GUSTAVE ROSE

(DE BERLIN).

TRADUIT DE L'ALLEMAND,

PAR M. VICTOR REGNAULT,

ÉLÈVE-INGÉNIEUR AU CORPS ROYAL DES MINES, ET ANCIEN ÉLÈVE
DE L'ÉCOLE POLYTECHNIQUE.

IIᵉ PARTIE.—PLANCHES.

PARIS,

L. HACHETTE, RUE PIERRE-SARRAZIN, Nº 12.
FIRMIN DIDOT FRÈRES, RUE JACOB, Nº 24.

M DCCC XXXIV.

BIBLIOTHÈQUE ROYALE

EXPLICATION

DES PLANCHES.

PLANCHE I.

SYSTÈME CRISTALLIN RÉGULIER.

Fig. 1. Octaèdre *o*, page 22. Spinelle, Fer oxidulé magnétique.

Fig. 2. Combinaison de l'octaèdre *o* et du dodécaèdre *d*, l'octaèdre dominant; page 25. Spinelle de Ceylan.

Fig. 3. Même combinaison dans laquelle le dodécaèdre est dominant; page 25. Fer oxidulé magnétique de Nordmarken.

Fig. 4. Dodécaèdre *d*; page 24. Grenat, Hauyne.

Fig. 5. Combinaison du dodécaèdre et de l'icositétraèdre *o*/*o*, le dodécaèdre dominant; page 30. Grenat (Mélanite) de Frascati.

Fig. 6. Icositétraèdre *o*/2; pages 27 et 29. Leucite, Grenat, Analcime.

Fig. 7. Icositétraèdre *o*/3; pages 27 et 30. Or de Verospatak, Argent de Kongsberg.

Fig. 8. Combinaison de l'icositétraèdre *o*/3 et de l'octaèdre *o*, les faces de l'icositétraèdre étant dominantes; page 31. Or de Vérospatak, Argent de Kongsberg.

Fig. 9. Combinaison du dodécaèdre *d*, de l'octaèdre *o* et de l'icositétraèdre *o*/3, les faces du dodécaèdre étant dominantes; page 32. Fer oxidulé du Piémont.

Fig. 10. Même combinaison, les faces de l'octaèdre dominant; page 32. Ceylanite du Vésuve.

Fig. 11. Combinaison de l'icositétraèdre *o*/3, du dodécaèdre et de l'hexakisoctaèdre *s*; page 40. Grenat de Langbanshytta ou d'Arendal.

Fig. 12. Hexakisoctaèdre (cubo-octaèdre) *s*; page 38. Diamant (?).

Fig. 47. Combinaison de l'hémioctakishexaèdre de droite *s* et de l'hexaèdre *a*, l'hémioctakishexaèdre dominant; page 68. Pyrite de la vallée de Brosso.

Fig. 47 *a*. La même combinaison avec l'hémitétrakishexaèdre *d/2* et l'hémioctakishexaèdre *n*; page 69. Pyrite du Piémont.

Fig. 48. Combinaison de l'octaèdre *o* et de l'hémitétrakishexaèdre de droite *d/2*, l'octaèdre dominant; page 64. Colbalt gris de Tunaberg.

PLANCHE V.

Fig. 49. Hémitétrakishexaèdre de droite *d/2 r*; page 61. Pyrite.

Fig. 50. Hémitétrakishexaèdre de gauche *d/2 l*; page 61.

Fig. 51. Combinaison de l'hémitétrakishexaèdre de droite *d/2* et de l'hémioctakishexaèdre de droite *s*, l'hémitétrakishexaèdre dominant; page 69. Pyrite de l'île d'Elbe.

Fig. 51 *a*. La même combinaison avec les faces de l'octaèdre; page 69. Pyrite de li'le d'Elbe.

Fig. 52. Combinaison de l'hémitétrakishexaèdre de droite *d/2* et de l'octaèdre *o*, les deux formes étant également développées; page 64. Pyrite de l'île d'Elbe.

Fig. 53. Combinaison de l'hémitétrakishexaèdre de droite *d/2* et de l'hexaèdre *a*, l'hexaèdre dominant; page 63. Pyrite de l'île d'Elbe, Cobalt gris de Tunaberg.

Fig. 53 *a*. Combinaison de l'hexaèdre *a*, de l'octaèdre *o* et de l'hémioctakishexaèdre *s*, l'hexaèdre dominant; page 68. Pyrite de Facebay.

Fig. 54. Combinaison de l'hexaèdre, de l'hémitétrakishexaèdre de droite *d/2* et de l'octaèdre *o*, l'octaèdre dominant; page 64. Cobalt de Tunaberg.

II.

DEUXIÈME SYSTÈME CRISTALLIN.

Fig. 55. Quadratoctaèdre *o*, octaèdre principal du Zircon; page 77.

Fig. 56. Combinaison de l'octaèdre principal *o* du Mellite, du deuxième prisme à quatre faces *a* et de la face terminale droite *c*; pages 90, 92 et 94.

Fig. 57. Combinaison de l'octaèdre principal *o* de l'Anatase, de son premier octaèdre aigu 2 *d* et de l'octaèdre obtus du premier ordre *o/3*; page 83.

Fig. 58. Combinaison de l'octaèdre principal *o* de l'Anatase, de son premier octaèdre obtus *d* et de la face terminale *c*; pages 79, 83 et 90.

Fig. 59. Combinaison de l'octaèdre principal *o* du Molybdate de Plomb avec l'octaèdre obtus du premier ordre *o*/3, avec le premier octaèdre obtus *d* et le premier octaèdre aigu 2/3 *d* de l'octaèdre *o*/3; page 87.

Fig. 60. Dioctaèdre 3 du Zircon; page 94.

PLANCHE VI.

Fig. 61. Combinaison de l'octaèdre principal *o* du Zircon et de son premier prisme à quatre faces *g*; page 91.

Fig. 62. Combinaison de l'octaèdre principal *o* du Zircon et du deuxième prisme à quatre faces *a*; page 92.

Fig. 63. Combinaison de l'octaèdre principal *o* de l'Oxide d'Étain avec son premier octaèdre obtus *d* et avec les premier et deuxième prismes à quatre faces *g* et *a*; pages 82 et 92.

Fig. 64. La combinaison fig. 62 avec le dioctaèdre 3; page 96.

Fig 65. Combinaison de l'octaèdre principal *o* de l'Idocrase avec le dioctaèdre 1/2, la face terminale droite *c*, les premier et deuxième prismes à quatre faces *g* et *a* et le prisme à huit faces 2*g*; pages 93, 97 et 98.

Fig. 66. Combinaison de l'octaèdre principal *o* de l'Apophyllite avec le deuxième prisme à quatre faces et le prisme à huit faces 2*g*; page 98.

III.

TROISIÈME SYSTÈME CRISTALLIN.

A. *Formes homoédriques.*

Fig. 67. Hexagondodécaèdre, dodécaèdre principal *r* du Quartz; page 108.

Fig. 68. Combinaison du dodécaèdre principal *r* du Quartz avec le premier prisme à six faces *g*; page 114.

Fig. 69. Didodécaèdre 5 de l'Émeraude; page 115.

Fig. 70. Combinaison du dodécaèdre principal *r* de l'Émeraude avec un dodécaèdre plus aigu 2*r* du premier ordre, la face terminale droite *c*, le premier dodécaèdre obtus 2*d*, du dodécaèdre 2*r*, avec le didodécaèdre 5 et le premier prisme à six faces *g*; page 117.

B. *Formes hémiédriques.*

Fig. 71. Hémidodécaèdre ou rhomboèdre *r* du premier ordre, du dodécaèdre principal du Quartz; pages 123 et 126.

Fig. 72. Hémidodécaèdre ou rhomboèdre *r'* du deuxième ordre du dodécaèdre principal du Quartz; pages 123 et 126.

PLANCHE VII.

Fig. 73. Combinaison du rhomboèdre principal *r* du Carbonate de chaux avec la face terminale droite *c*; page 135.

Fig. 74. Combinaison du premier rhomboèdre obtus *r'*/2 du Carbonate de chaux avec le rhomboèdre principal *r* de ce même minéral; page 130.

Fig. 75. Combinaison du rhomboèdre principal de la Chabasie avec son premier rhomboèdre obtus *r'*/2 et avec son premier rhomboèdre aigu 2 *r'*; pages 130 et 131.

Fig. 76. Combinaison du second rhomboèdre aigu 4 *r* du Carbonate de chaux avec le rhomboèdre principal *r*; page 131.

Fig. 77. Combinaison du premier rhomboèdre obtus *r'*/2 du Carbonate de chaux avec son premier prisme à six faces *g*; page 136.

Fig. 78. Combinaison du rhomboèdre principal *r* de la Dioptase avec le second prisme à six faces *a*; page 137.

Fig. 79. Hémididodécaèdre ou scalénoèdre 3 *z* du Carbonate de chaux; page 138.

Fig. 80. Combinaison du scalénoèdre 3 *z* du Carbonate de chaux avec le rhomboèdre de ses arêtes terminales aiguës, c'est-à-dire le second rhomboèdre aigu 4 *r*; page 145.

Fig. 81. Combinaison du scalénoèdre 3 *z* du Carbonate de chaux avec le rhomboèdre des arêtes latérales, c'est-à-dire le rhomboèdre principal *r*; page 145.

Fig. 82. Combinaison du scalénoèdre des arêtes latérales 3 *z* et du scalénoèdre des arêtes terminales 2 *x* du rhomboèdre principal du Carbonate de chaux avec le premier prisme à six faces; pages 146 et 149.

Fig. 83. Combinaison du rhomboèdre principal *r* du Carbonate de chaux avec ses rhomboèdres des arêtes latérales 3 *z* et 5 *z*, le second rhomboèdre aigu 4 *r* et le premier prisme à six faces *g*; page 147.

Fig. 84. Combinaison du rhomboèdre principal *r* du Carbonate de chaux avec son scalénoèdre des arêtes latérales 3 *z*, son premier rhomboèdre aigu 2 r' et le scalénoèdre des arêtes latérales 1/2 de ce dernier rhomboèdre ; page 148.

PLANCHE VIII.

IV.

QUATRIÈME SYSTÈME CRISTALLIN.

Fig. 85. Rhomboctaèdre o, forme principale du Soufre ; page 154.

Fig. 86. Combinaison de l'octaèdre principal o du Soufre avec l'octaèdre plus obtus $o/3$, la face terminale droite c et le second prisme horizontal f de l'octaèdre principal ; pages 158 et 165.

Fig. 87. Combinaison de l'octaèdre principal o de la Topaze avec son prisme vertical g et le prisme vertical $g/2$; page 163.

Fig. 88. Combinaison de l'octaèdre principal o de la Liévrite avec son premier prisme horizontal g et le prisme vertical $g/2$; pages 162 et 165.

Fig. 89. Combinaison du prisme vertical g de la forme primitive du Misspickel avec le second prisme horizontal f de la forme primitive et avec un second prisme horizontal plus aigu $2f$; page 165.

Fig. 90. Combinaison des trois prismes dérivés du Carbonate de plomb, du prisme vertical g de la forme primitive, des premier et second prismes horizontaux $d/2$ et $f/2$ et de la seconde face latérale b ; page 169.

Fig. 91. Combinaison du second prisme horizontal f de la forme primitive du Sulfate de Barite, du premier prisme horizontal $d/2$ et de la face terminale droite c, le second prisme dominant ; page 167.

Fig. 91 a. La même combinaison avec le premier prisme dominant ; page 167.

Fig. 92. Combinaison du premier prisme vertical g de la forme primitive du Sulfate de Barite avec la face terminale droite c, la face terminale dominant ; page 172.

Fig. 93. Combinaison de l'octaèdre principal o de la Chrysolite avec son prisme vertical g, son premier prisme horizontal d, son second prisme horizontal $2f$, les première et seconde faces latérales a et b et la face terminale droite c ; page 173.

Fig. 94. Combinaison du prisme vertical g de la forme primitive du Sulfate de Barite avec le premier prisme horizontal $d/2$ et la face terminale c, le prisme horizontal dominant ; pages 166 et 168.

Fig. 95. Combinaison de l'octaèdre principal *o* de la Desmine avec les première et seconde faces latérales *a* et *b*; page 172.

Fig. 96. Combinaison de l'octaèdre principal *o* du Carbonate de Plomb avec son prisme vertical *g*, le second prisme horizontal 2*f* et la seconde face latérale *b*; page 173.

PLANCHE IX.

V.

CINQUIÈME SYSTÈME CRISTALLIN.

Fig. 97. Octaèdre *o*, forme principale du Gypse; page 181.

Fig. 98. Combinaison de l'octaèdre principal *o* de la Mésotype avec son prisme vertical *g*; page 189.

Fig. 99. Combinaison de l'octaèdre principal *o* du Gypse avec son prisme vertical *g* et la seconde face latérale *b*; page 189.

Fig. 100. Combinaison du prisme oblique antérieur *o* de l'octaèdre principal du Gypse avec son prisme vertical *g* et la seconde face latérale *b*; page 190.

Fig. 101. Combinaison du prisme vertical de la forme primitive du Titanite avec la base *c*, la face terminale oblique postérieure *d* de l'octaèdre principal et la face terminale oblique postérieure *d*/2; page 194. (Pour plus de clarté, on a fait faire à la figure une demi-révolution, de telle sorte que la partie postérieure est devenue la partie antérieure.)

Fig. 102. Combinaison des première et seconde faces latérales du Feldspath avec la base; page 97.

Fig. 103. Combinaison du prisme oblique postérieur *o* de l'octaèdre principal du Pyroxène avec sa face terminale oblique postérieure *d'*, son prisme vertical *g* et les première et seconde faces latérales *a* et *b*; pages 190, 193 et 197.

Fig. 104. Combinaison de l'octaèdre principal *o* et *o'* de l'Augite avec la base *c*, le prisme oblique postérieur 2 *o'*, le prisme vertical *g* de l'octaèdre principal et les première et seconde faces latérales *a* et *b*; pages 191 et 197.

Fig. 104 *a*. La même combinaison en projection horizontale avec la face terminale oblique postérieure *d'* de l'octaèdre principal.

Fig. 105. Combinaison du prisme vertical *g* de l'octaèdre principal du Feldspath avec le prisme vertical $g/3$, la seconde face latérale b, la base c et la face terminale oblique postérieure $2\,d'$; page 198.

Fig. 106. Combinaison du prisme oblique postérieur o' de l'octaèdre principal du Feldspath avec sa face terminale oblique postérieure d', la face terminale oblique postérieure $2\,d'$, la base c, le prisme vertical g de l'octaèdre principal et la seconde face latérale b ; page 198.

Fig. 106 a. La même combinaison en projection horizontale.

VI.

SIXIÈME SYSTÈME CRISTALLIN.

Fig. 107. Octaèdre ; page 208.

Fig. 108. Combinaison de la base c de l'Axinite avec la face de gauche de l'octaèdre principal o, la face terminale oblique $2\,d'$, des faces de droite et de gauche du prisme vertical g et g' de l'octaèdre principal, et de la première face latérale a ; page 212.

ERRATA DU TEXTE.

P. 36, l. 3, en remontant, au lieu de : $2a : a : a$, lisez : $2a : a : \infty\, a$.

P. 112, l. 17, au lieu de : $a : c = 1 : 1, 1$; lisez : $a : c = 1 : 1$.

P. 151, l. 2, au lieu de : *Cette face comprend, etc.*, lisez : *Cette zone comprend, etc.*

P. 170, l. 7, en remontant, au lieu de : $\infty\, a : b : \infty$, lisez : $\infty\, a : b : \infty\, c$.

P. 172, l. 12, au lieu de : *avec la combinaison*, lisez : *à la combinaison.*

P. 198, l. 15, au lieu de : *lorsque la face terminale domine les faces de la forme primitive, se présentent, etc.*, lisez : *lorsque la face terminale domine, les faces de la forme primitive se présentent, etc.*

P. 203, l. 7, en remontant, au lieu de : $\infty\, a : b : a$, lisez : $\infty\, a : b : c$.

P. 216, au lieu de : *es minéraux, etc.*, lisez : *les minéraux.*

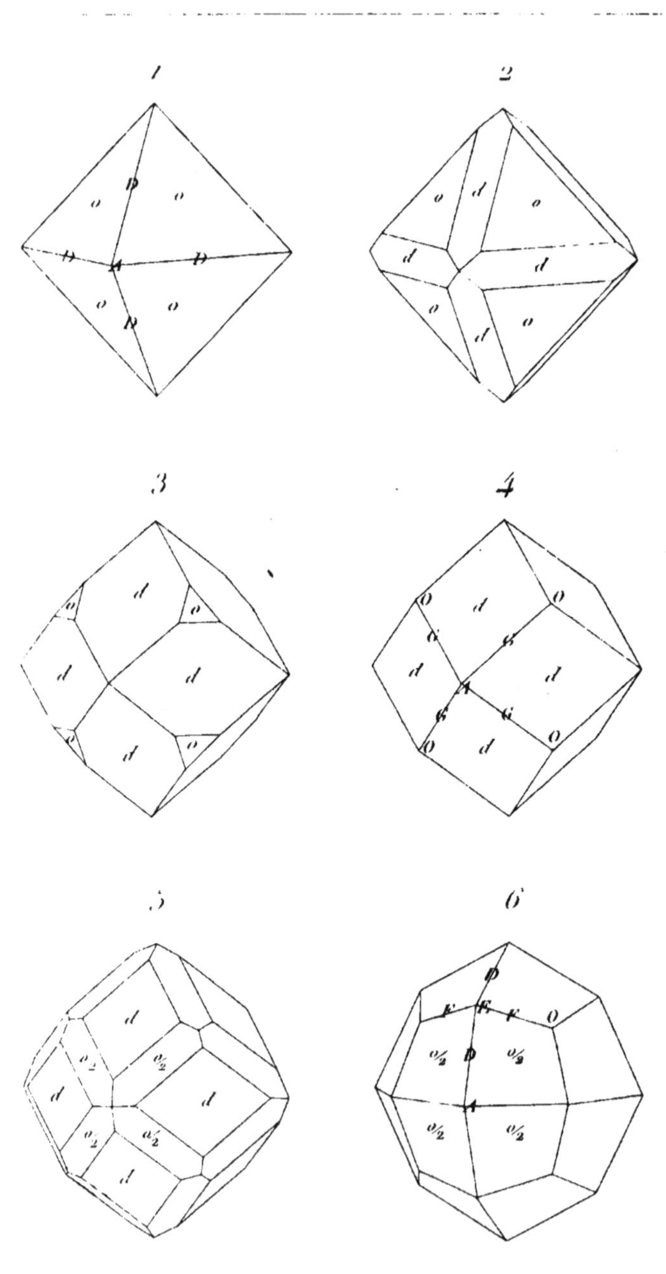

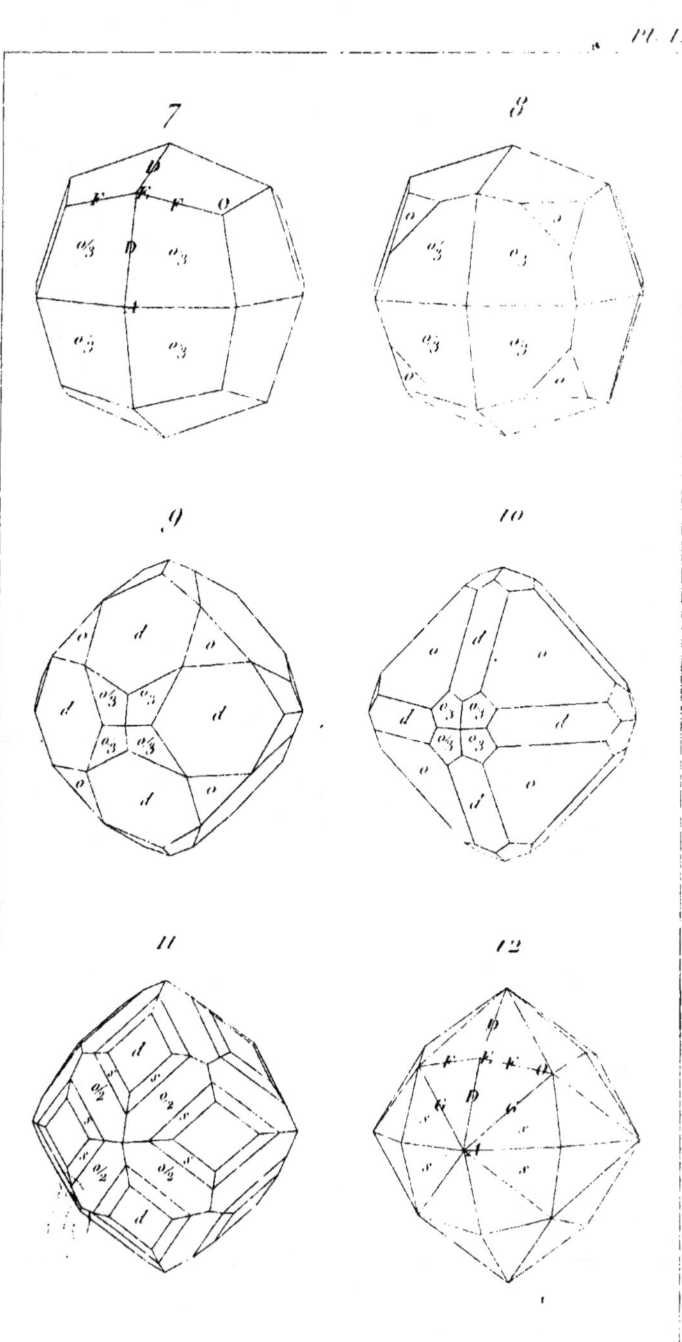
7
8
9
10
11
12

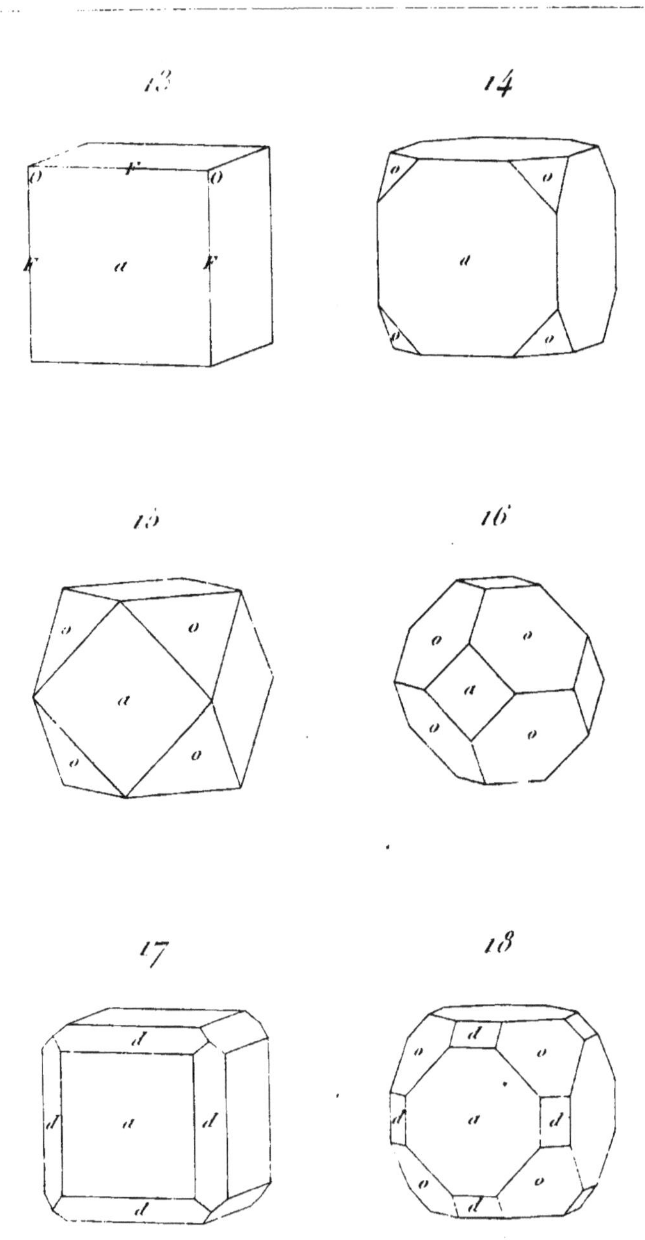

19

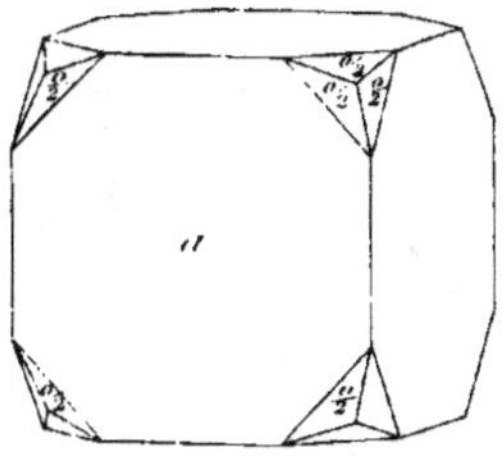

20

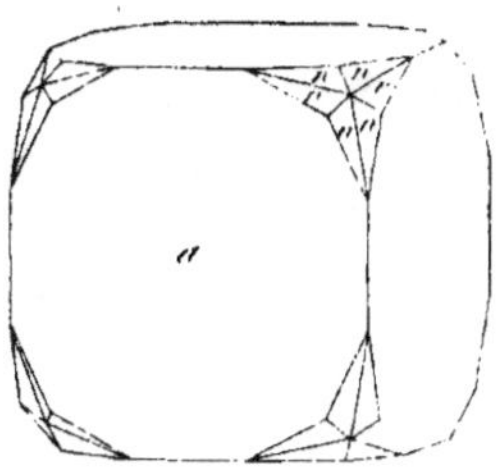

21

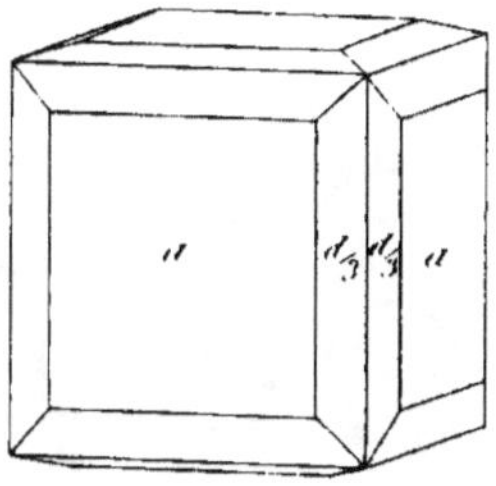

22

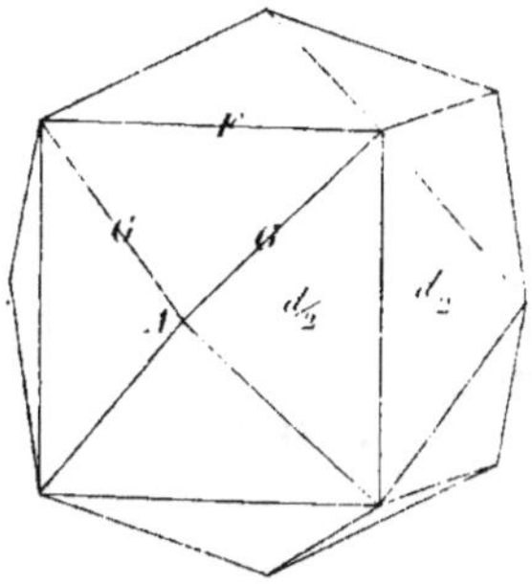

23

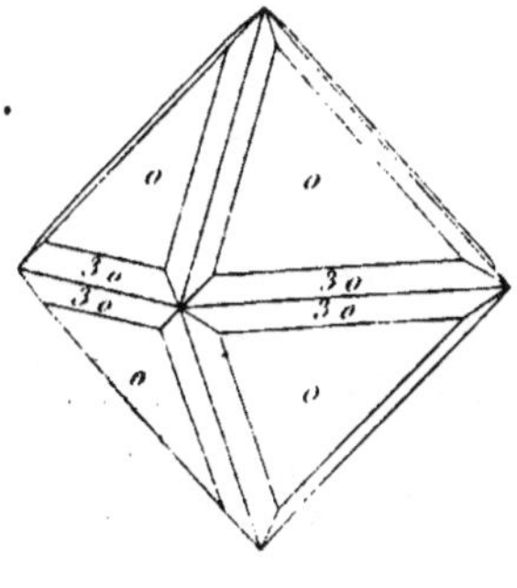

24

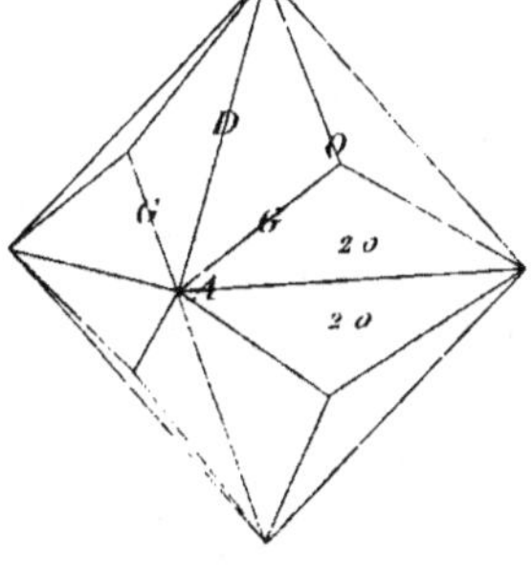

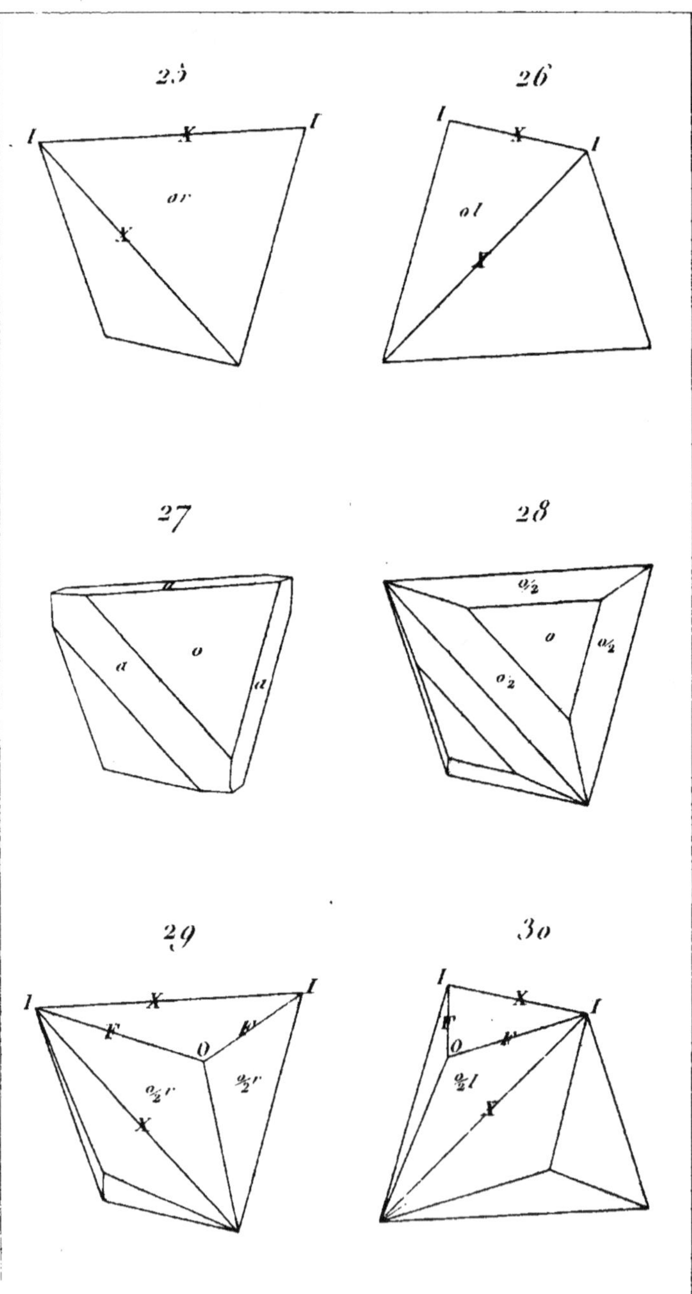

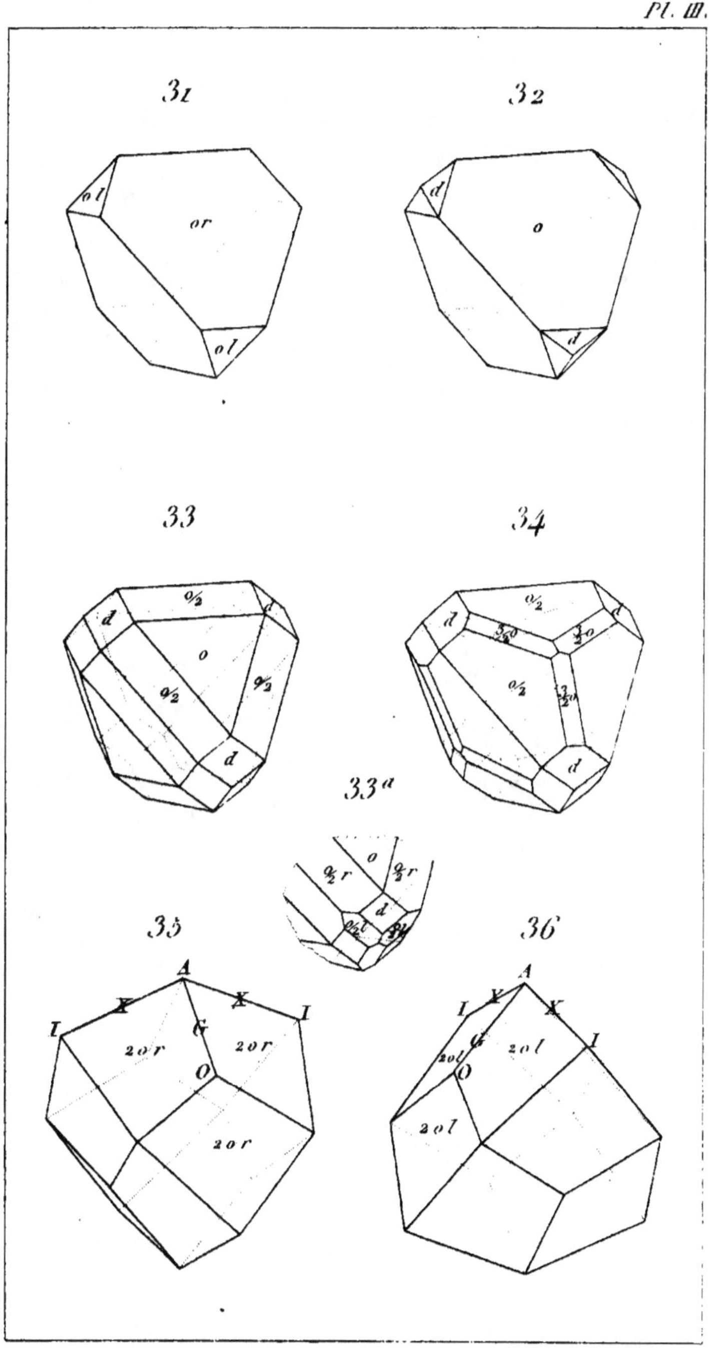

31
32
33
34
33ᵃ
35
36

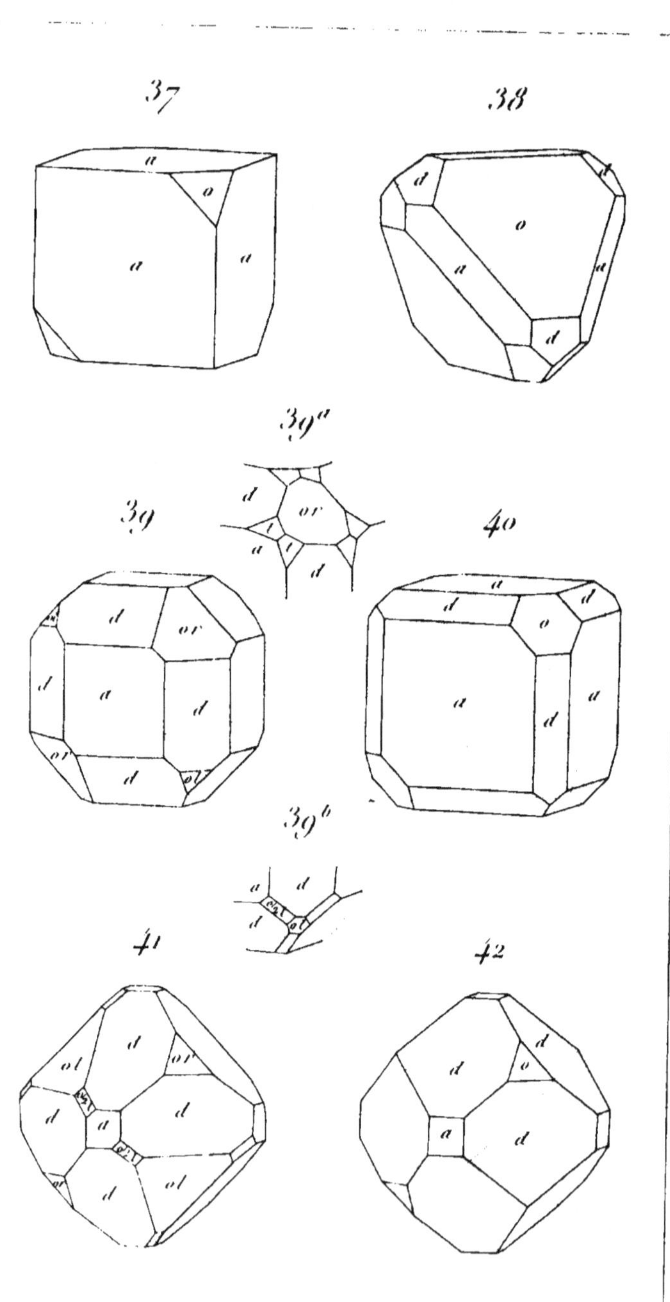

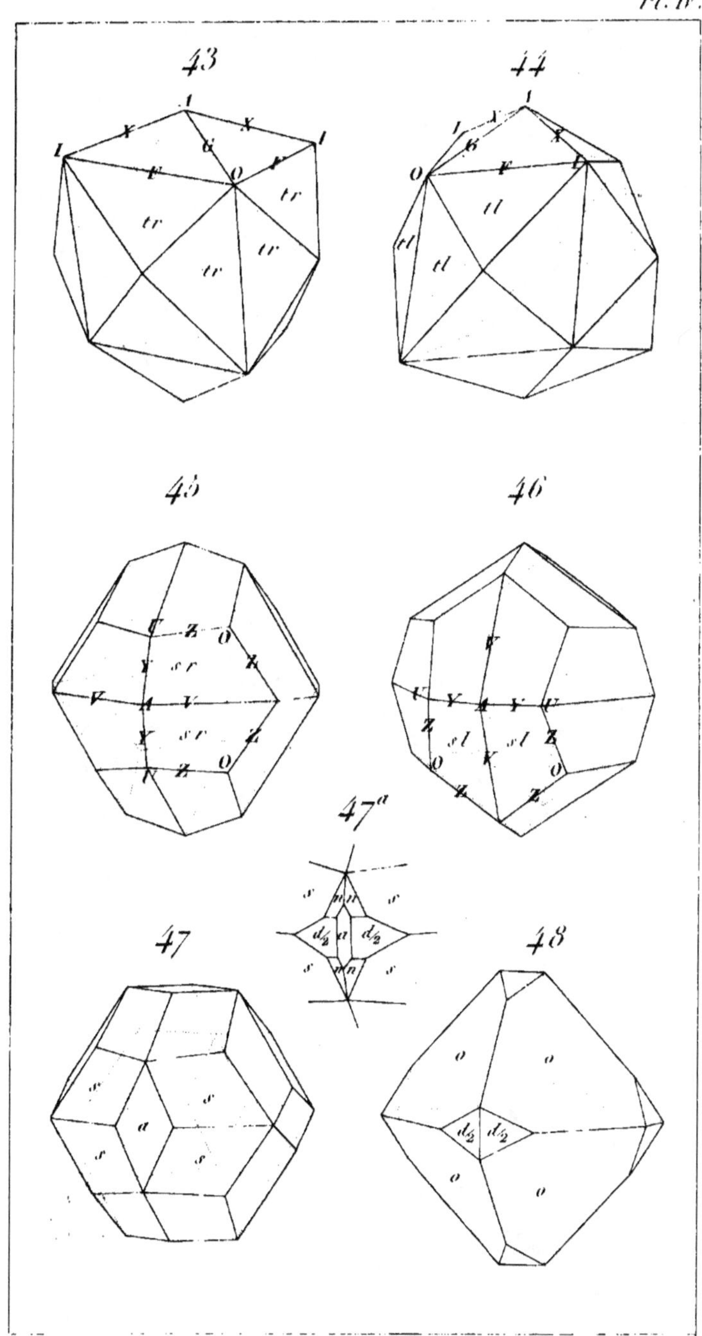
43
44
45
46
47ᵃ
47
48

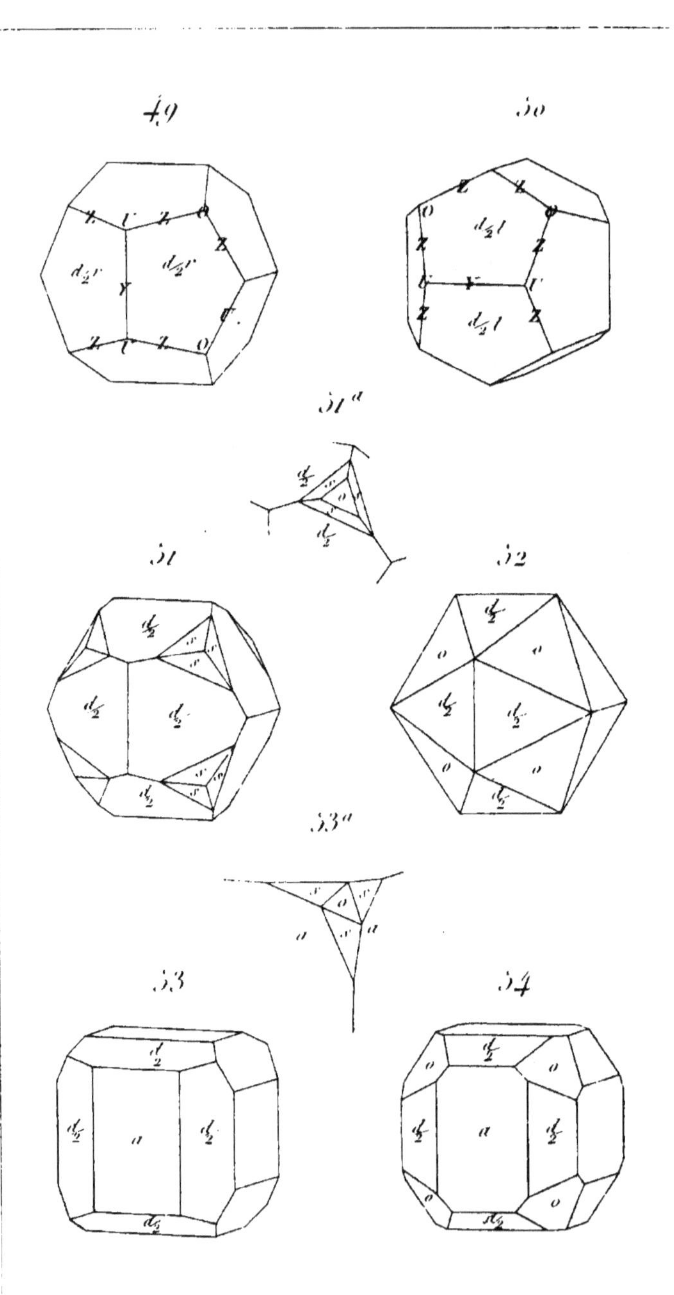

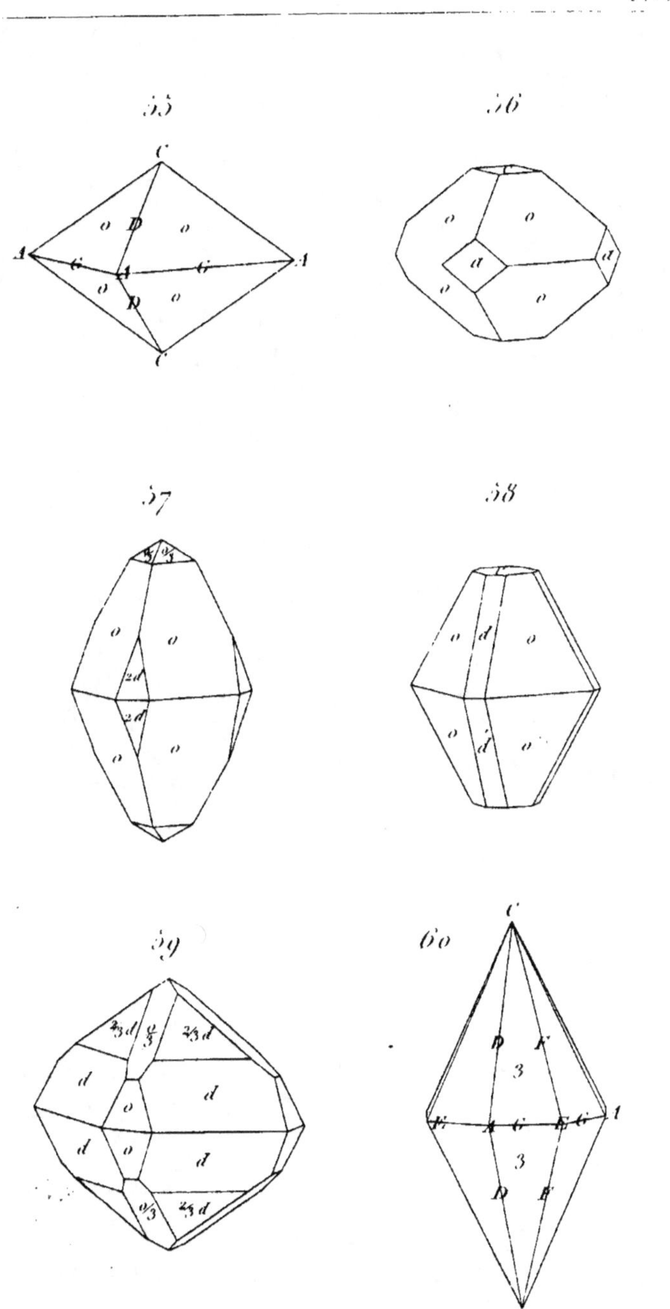

55
56
57
58
59
60

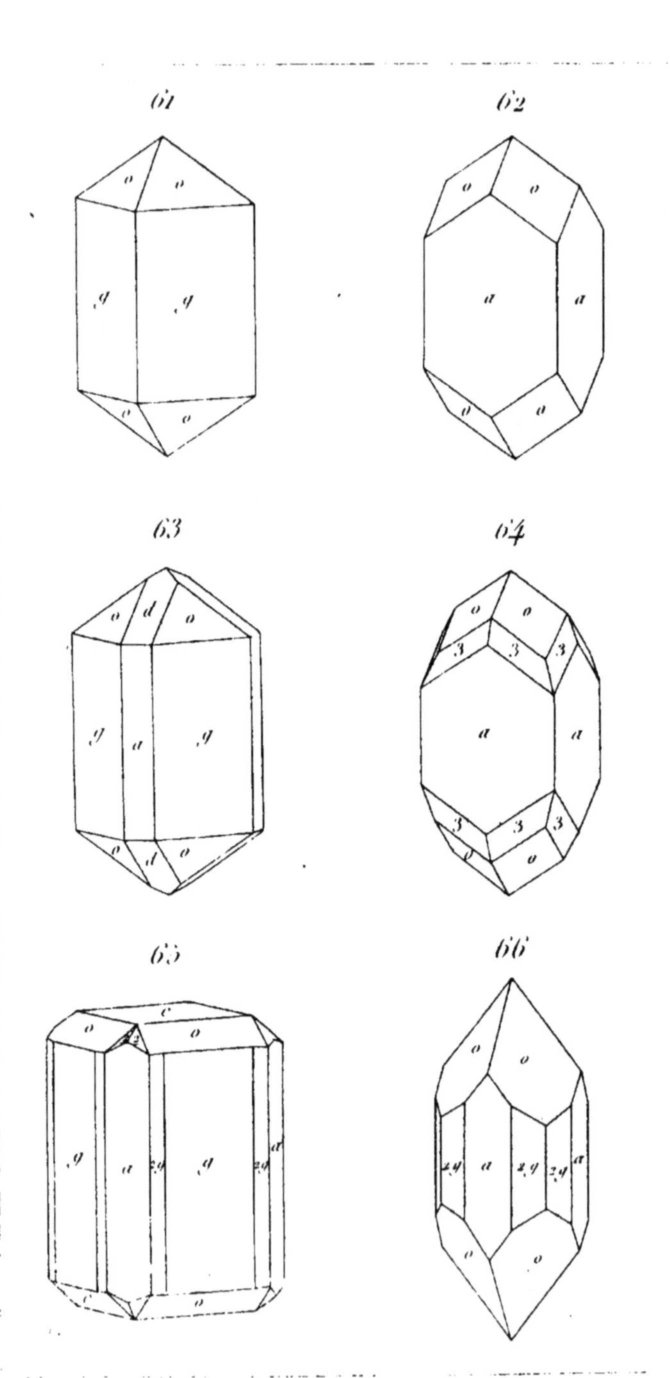

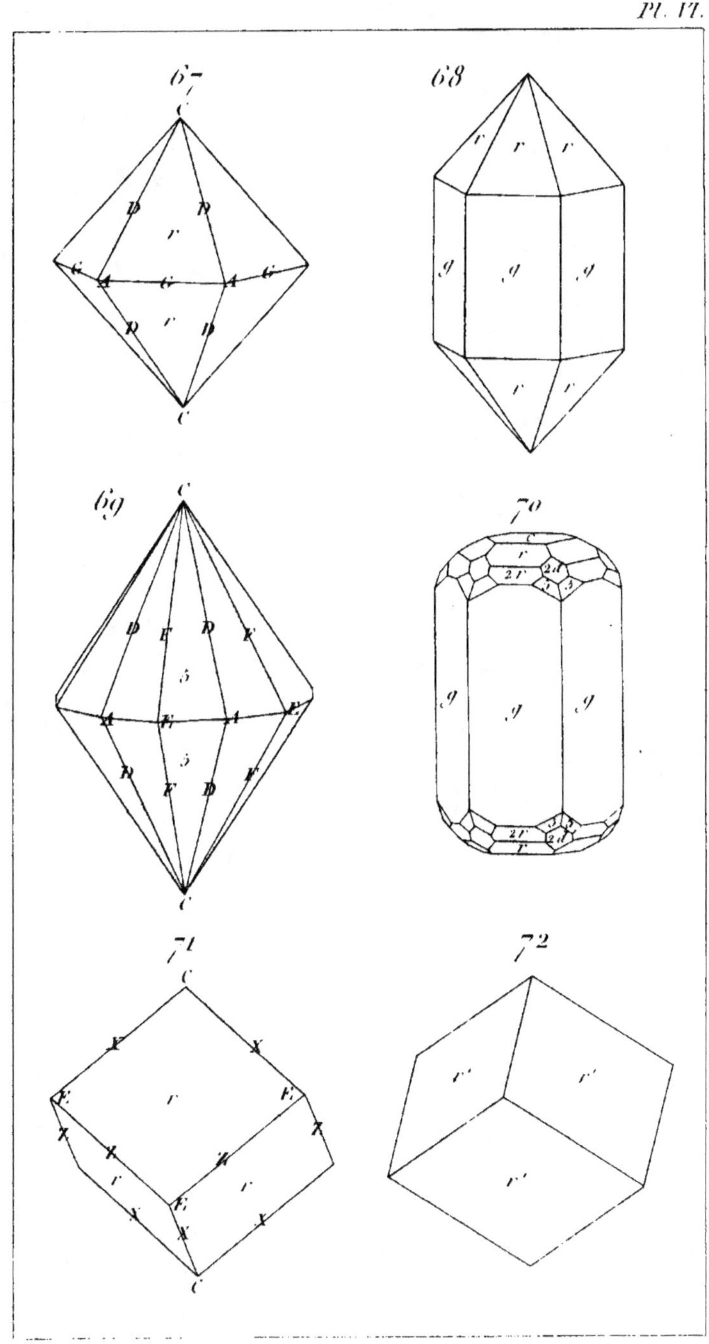
67
68
69
70
71
72

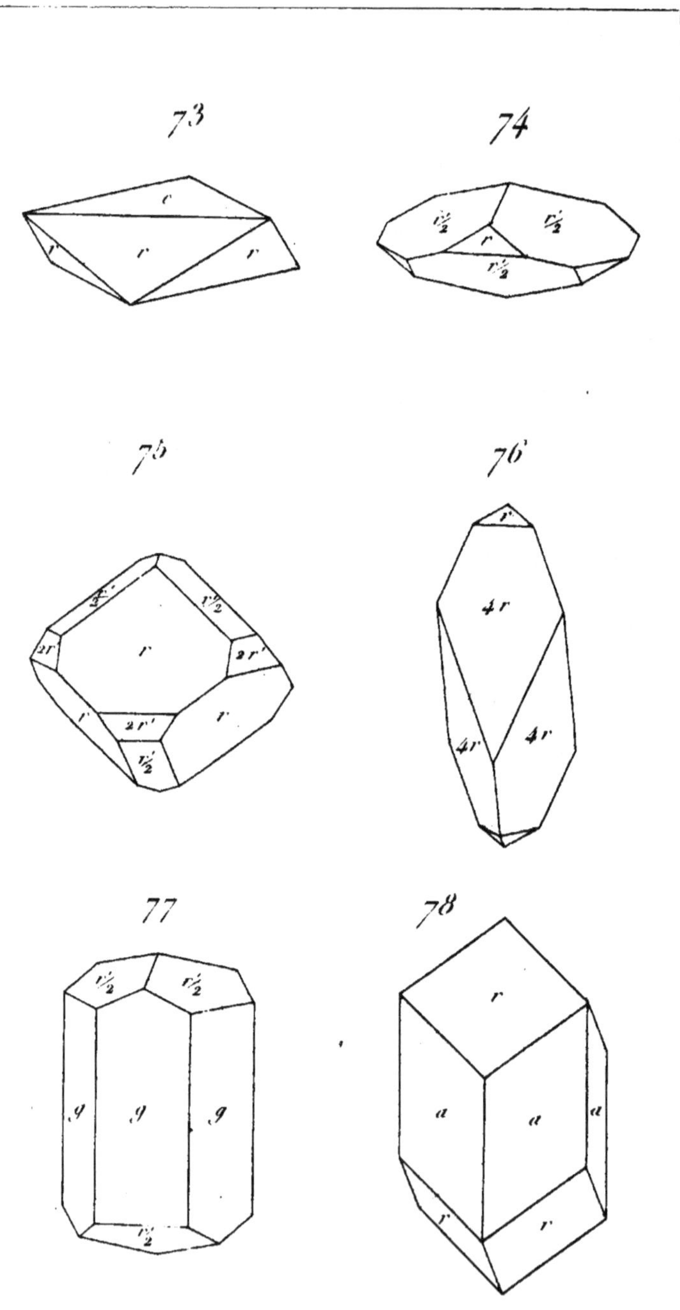

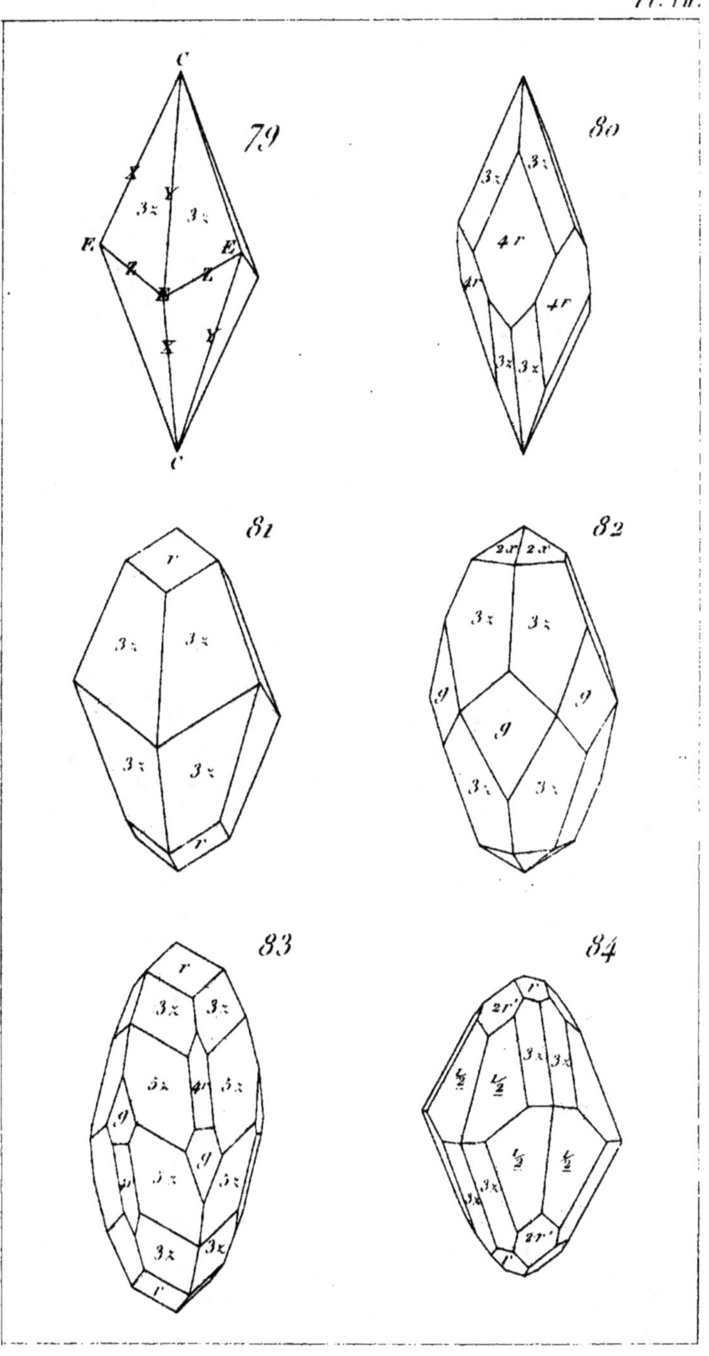
79
80
81
82
83
84

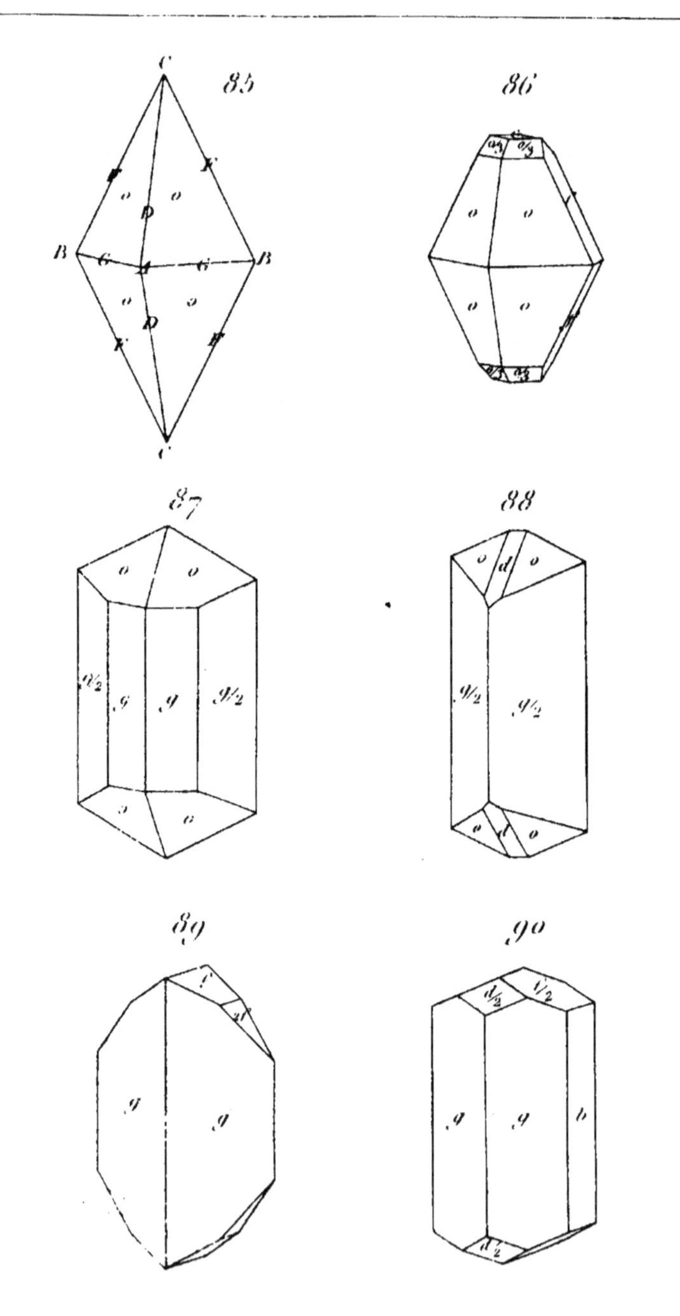

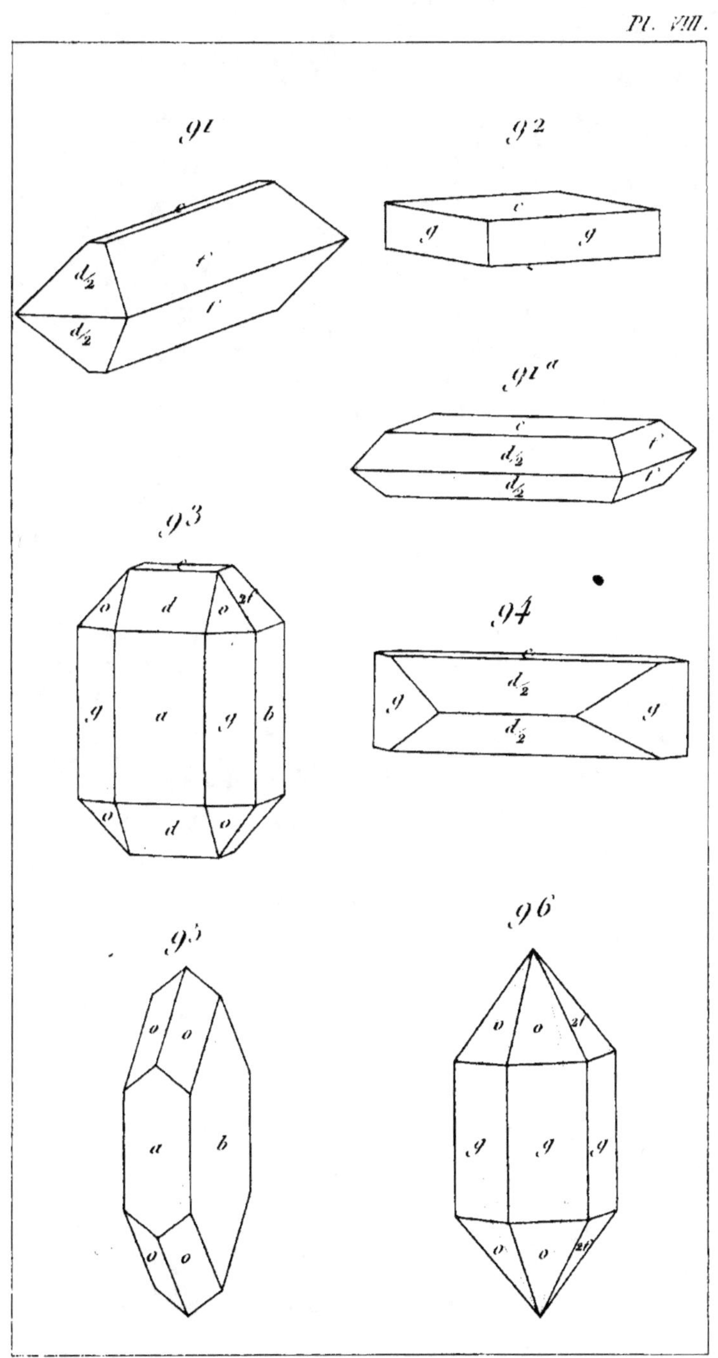
91
92
91"
93
94
95
96

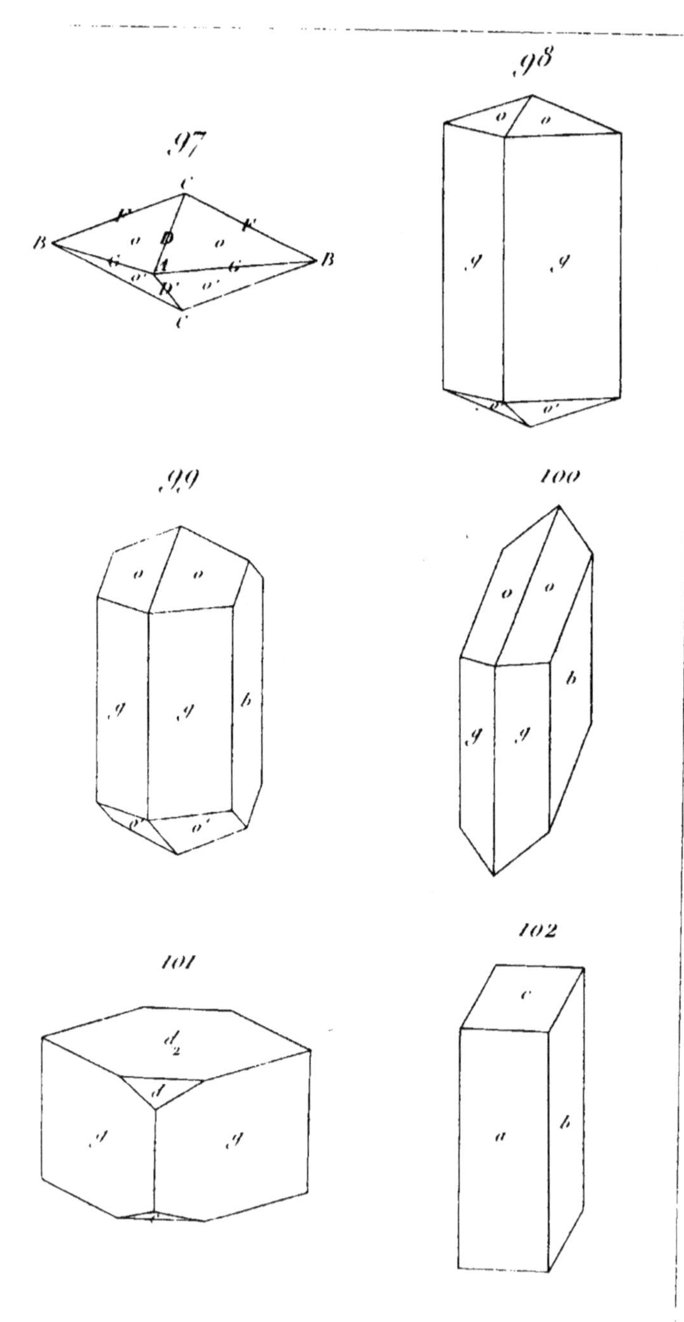

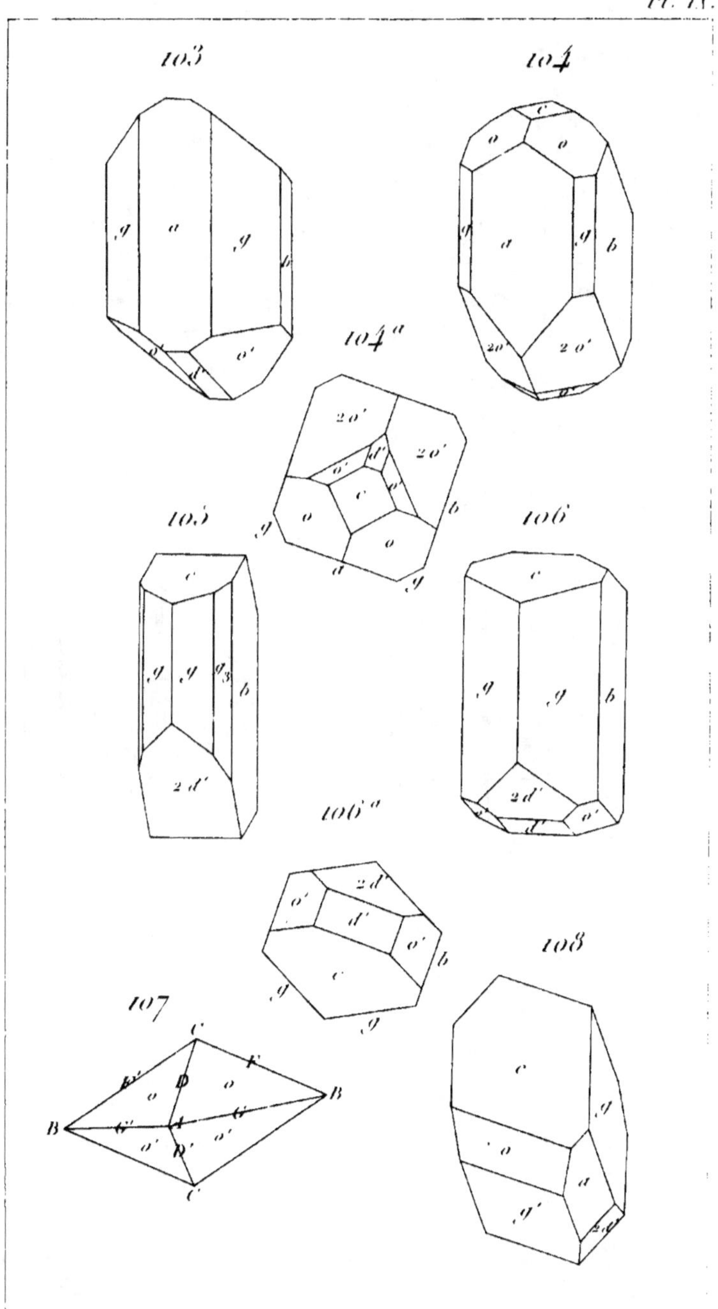
103
104
104"
105
106
106"
107
108
B
B

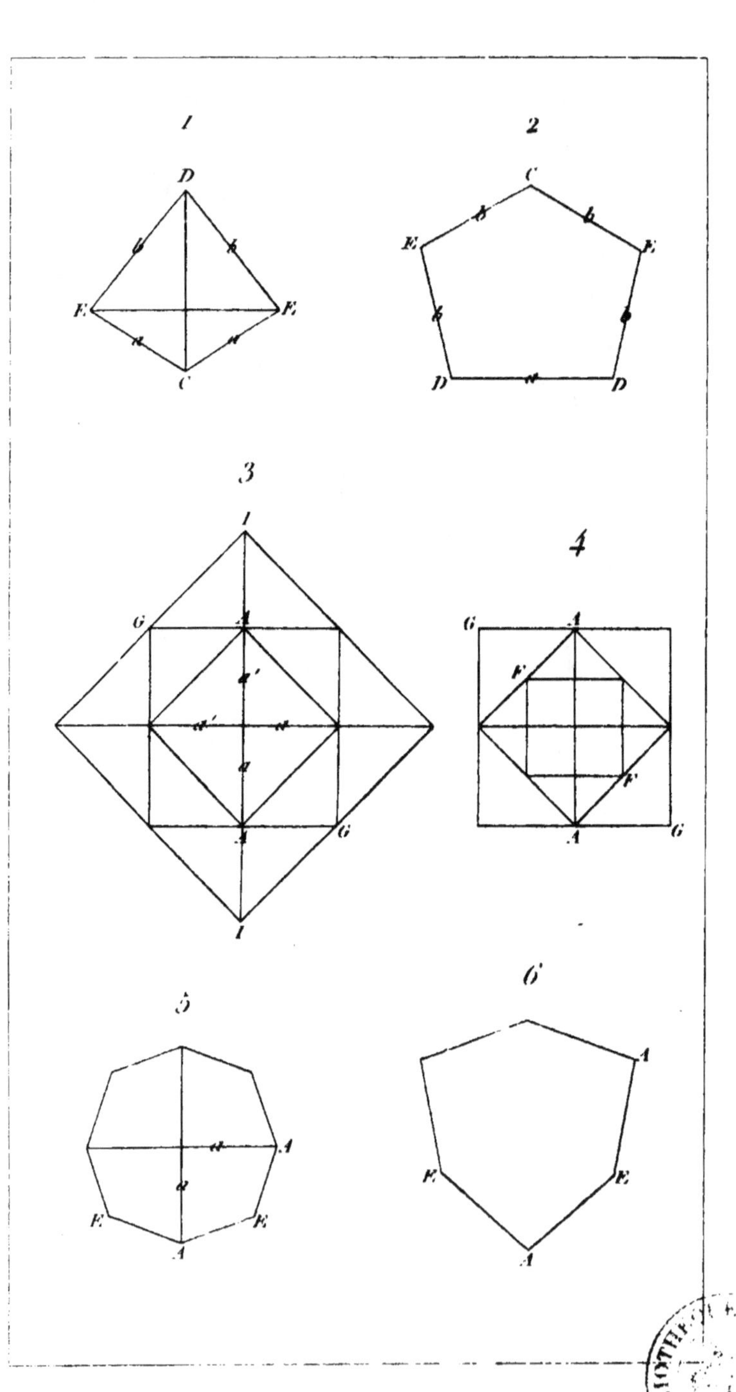

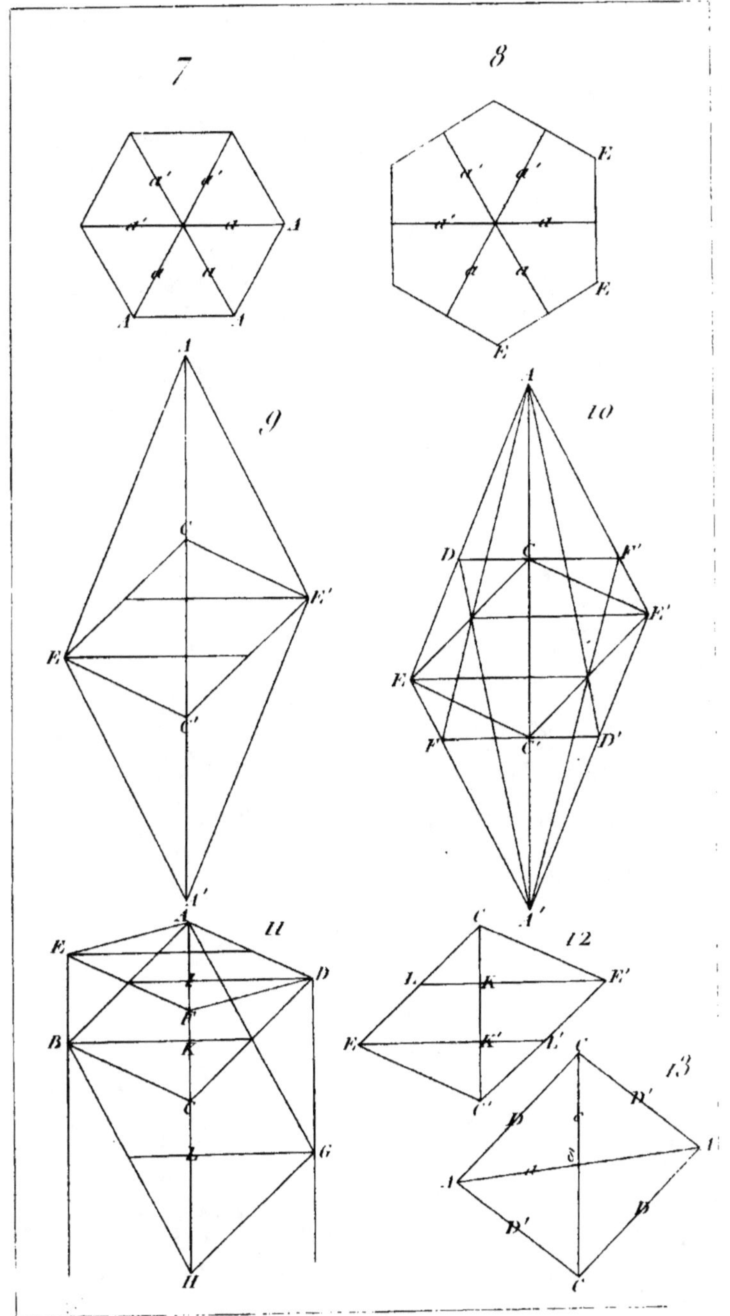
7
8
9
10
11
12
13

www.ingramcontent.com/pod-product-compliance
Lightning Source LLC
LaVergne TN
LVHW021520170726
843501LV00004B/908